宇宙になぜ、生命があるのか

宇宙論で読み解く「生命」の起源と存在

戸谷友則　著

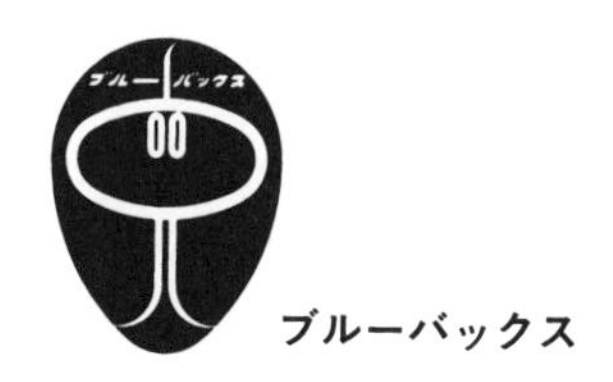

ブルーバックス

カバー装幀／五十嵐 徹（芦澤泰偉事務所）
カバー写真／shutterstock
本文図版／酒井 春
本文・目次デザイン／浅妻健司

序章――生命の起源〜物理と生物の狭間で

◆書き出しにあたって

今、本書の執筆に取りかかろうとして、少々緊張している。というか、正直にいえば怖気づいている。本書は筆者にとって、『宇宙の「果て」になにがあるのか』（2018年）、『爆発する宇宙』（2021年、ともにブルーバックス）に続く三作目となる一般社会向けの本である。三作目ともなるとだいぶ慣れて、少しは気楽に執筆できそうなものであるが、今回はとにかくテーマがおそれおおい。「生命の起源」である。おそらく、人類が最も答えを知りたい問いであり、最も難解な謎といってよいであろう。

前二作の内容をご覧いただければわかるとおり、筆者の専門は天文学や宇宙物理学といった分野である。なかでも、超新星やガンマ線バーストといった星の爆発現象や、銀河形成や宇宙論といった分野で飯を食ってきた人間であり、私の研究歴の大部分は生命とはまったく無縁である。

だが、宇宙の中での生命の起源や位置づけを研究する「アストロバイオロジー」という研究分野が盛り上がるのを見て、私自身も生命の起源について考え始めたのが六、七年前であった。天文学からアストロバイオロジーに切り込む場合、太陽系外惑星に地球外生命を見つけるという観測的なアプローチが主流である。しかし理論家の私はむしろ、そもそも最初の生命がどのように誕生し得たのか、そのメカニズムを理解したいと思ったのである。

そこで生命の基礎を一から勉強し始め、あれこれ考えていくうちに、私の専門に近い「インフレーション宇宙論」によって予想される「宇宙の広大さ」こそ、生命の起源の謎を解き明かすうえでのカギなのではないかと思いついた。それを論文として発表したのが２０２０年であり、国内外で予想以上の反響を得た。

本書は、そんな筆者がさらに調子に乗って（？）、「宇宙における生命」についての科学的理解の最前線を一般社会の読者に解説することを目的としている。むろん、私の説ばかりをゴリ押しするつもりはない。生命の起源というのは自然科学のさまざまな分野にかかわる問題であるが、それをなるべくバイアスなく、広く平易に解説できればと思っている。ただし上に述べたように、天文学や物理学以外の分野は筆者にとって専門外である。ときには理解不足でおかしなことを書いてしまうおそれが大きいが、もしそのような箇所を見つけた場合はどうか寛大にご容赦をいただければと思う。

だが、自分の専門外のことを一般向けの本に書くというのも悪いことばかりではない。専門家が自分の専門に関することを一般社会に向けて説明しようとすると、どうしても小難しくなりがちだ。その点、私は生命科学については門外漢であり、だからこそ、素人にも「かゆいところに手が届く」感じで、わかりやすい説明ができるのではないかと期待している。それが本書で奏功しているかどうかは、読者諸氏のご判断に委ねるほかはない。

やや無謀な挑戦かつ、異色の本となるかもしれないが、「生命の起源」という究極の大問題について、読者の皆さんがそれぞれの考えを深めるうえでなんらかのお役に立てれば、望外の喜びである。

◆最初の生命は、どのように誕生したのか？

「鶏（にわとり）と卵」という古い問題がある。英語でいえば"chicken and egg"で、世界的に用いられている言葉である。誰でも知っているとおり、鶏は卵から生まれる。卵がなければ鶏は誕生し得ない。一方、その卵を産むのは当然ながら親の鶏である。成体の鶏がいなかったら今度は卵が生まれない。では、鶏と卵、どちらが先に生まれたのか？　というパラドックスである。この言葉は本来の意味を離れてより一般に、「二つの事柄でどちらが因果的に先か、よくわからない」という場合に喩（たと）えとして使われることも多い。だが、本書が扱うテーマはまさにこの言葉の本来の意味であり、つまり「最初の生命はいったいどう誕生したのか?」ということである。

ちなみに、「鶏と卵とどちらが先か?」というそのままの問いに対してなら、科学によって答えることができる。鶏とその卵は、その祖先となる別の種の生物から進化してきたのであるから、「どちらが先でもない」ということになる。もちろんこれでは、「では進化を巻き戻して祖先をさかのぼり、ずっと大昔の最初の生命はどのように誕生したのか?」という問題には何も答えていないので、問題をすり替えただけともいえる。

これは意外と知らない人が多いことのように思えるが、現在の生物も化石で見つかる過去の生物も、地球史上で知られている生命体はすべて同じ起源を持っており、全生物の共通祖先と呼ばれるたった1つの細胞(単細胞生物)から進化してきたと考えられている。動物も昆虫も植物も細菌も、すべて同じ生命体から進化・分化した兄弟ということになる。私たちが動物を殺して食べる際、若干の罪悪感を感じることもあるわけだが、植物を食べる際にはさほど感じないようだ。だが、生命の進化という観点から考えれば、動物のほうが植物に比べて進化系統図上で相対的に我々に近いというだけのことであり、他の生命体を食して破壊し、エネルギーや自らの体をつくる材料にするという意味では、大差はない。結局のところ、光のエネルギーを利用して水と二酸化炭素から自らの体をつくり出せる植物(独立栄養生物)とは異なり、我々動物(従属栄養生物)は悲しいことに、もとをたどれば兄弟である他の生物を捕食しなければ生きられない存在である。

したがって生命の起源の問題とは、「全生物の共通祖先となった最初の生命は、生命がまったく存在しなかった状態からどのように出現したのか？」ということになる。たんに「生命の誕生」というと、親から子が生まれるごくありふれた現象のように聞こえるが、我々が問題にするのは最初の生命が非生物的な現象から誕生したその瞬間である。英語では、普通に親から新たな生命が発生することを“biogenesis”と呼び、最初の生命の誕生は“abiogenesis”と呼んでいる。これに対応する的確で定着した日本語がないのだが、本書では「原始生命の誕生」という言葉を用いることにしよう。

「生命の自然発生」という言葉もある。これも、非生物的なプロセスによって、生きていない物質から生命が生まれることを指す。歴史的にはこの言葉は、我々が今も目にする身のまわりの生命のうち、ある種のものは親から生まれるのではなく、自然発生するという説として提唱されてきた。現在は否定されている。有名なものとしては、紀元前4世紀頃の古代ギリシャの大学者アリストテレスは、ミツバチなどの昆虫は草の露から生まれ、エビやタコは海底の泥から生まれるとした。西洋ではそれがルネッサンス期まで普通に信じられていたらしいが、近代科学の発展とともに、ルイ・パスツールの実験などにより否定された。

ところが、生命の起源をたどっていくと、この否定されたはずの「生命の自然発生」が、全生物の共通の祖先である原始生命体についてだけは、なぜか起こったと考えざるを得ない。そして、すべての生物種が一つの共通祖先に由来するということは、原始生命体の誕生は地球史のなかでたった一度しか起きなかったことを示唆している。可能性としては、独立な起源を持つ原始生命体が何度か生まれたが、我々とは別の起源を持つ生物種はすべて死に絶えてしまったということも考えられる。だが、これだけ科学が発達し、多くの研究者が日夜、さまざまな物理現象・化学現象を見つめているにもかかわらず、非生物的な物質から生命が誕生しそうな気配すらつかめない。それを考えると、仮に複数回起こったとしても、基本的には稀な現象であることは間違いなさそうである。

◆生命の起源という「大難題」

原始生命体の誕生は、宇宙や太陽、地球の誕生に並び、我々人類の存在を理解するうえでの大問題であることは言うまでもない。「我々はどこから来たのか？　なぜここにいるのか？」という、いわば哲学的な問いにもかかわるような話である。

生命の起源というテーマで研究したり、本を書いたりというのは結構勇気のいることなのである。何せ、わかっていることがほとんどない。意外に思われるかもしれないが、ビッグバンによる宇宙の始まりのほうが、生命の始まりよりもはるかに詳しくわかっていると断言できる。生命の起源のほうは難問中の難問で、自然科学がこれだけ発達した現代でも、まったくの謎のまま取り残されているといっても過言ではない。さらには、生物科学はもちろん、化学、物理学、地球科学、天文学といったさまざまな分野に関係してくるので、一人の研究者が自信を持ってすべてをカバーできるはずもなく、おいそれと手を出しにくいのである。

実際、これほど人類にとって根源的なテーマでありながら、生命の起源に真正面から取り組んでいる研究者は多くない。地球外の生命を見つけるということでいえば、例えば火星や、木星・土星の衛星を探査するプロジェクトの重要な目的の一つに、生命の探査は必ず挙げられる。また近年、太陽系外の惑星が数千個も発見される時代となり、地球に似た系外惑星を大望遠鏡で観測し、生命の痕跡を探すということが技術的に可能になりつつある。そのため、アストロバイオロジーと呼ばれる分野は盛り上がりを見せてはいる。だが、地球の原始生命がどこでどのように誕生したのか、その具体的なプロセスをまともに研究する研究者は意外なほどに少ない。

筆者が所属する東京大学は、一般に最高レベルの研究が行われているとされているが、それだけでなく、規模としてもかなり大きい。そこそこメジャーな研究分野であれば、学内にその分野の研究者を見つけられることが多い。だがそれでも、生命の起源のプロセスにまともに取り組んでいる研究者を見つけるのは難しい。その理由は端的にいえば、あまりに問題が難しすぎて、成果を出すことが難しいからだ。プロの研究者として飯を食っていくためには、ある程度コンスタントに成果を出して論文を出版し、業績を積み上げて大学や研究機関でのポストを確保していかねばならない。生命の起源はたしかに重要で興味深い問題だが、そんな研究をしていても成果が出るかどうかわからないし、研究者の数も少ないので評価がされにくいのだ。特に、これから業績を挙げて研究者のポストを獲得していかなければならない大学院生に、このような研究テーマは怖くてとても与えられるものではない。結果として、私のように、これ以上昇進する必要がない比較的シニアな研究者が、より普通の研究や雑務の合い間をぬって、なかば「趣味」で行うということになりがちである。

◆物理系と生命系の「断絶」

この問題のもう一つの難しさは、物理系科学と生命系科学のまさに境界にあるという点だ。非生物、あるいは無生物の世界では、物理法則に従って物質やそれを構成する原子や分子が整然と振る舞っている。基礎物理法則の研究フロンティアは、巨大な素粒子加速器や初期宇宙で出現するような超高温・超高エネルギーの世界での素粒子の法則である。我々の身のまわりで起こっているさまざまなミクロの粒子の反応を支配する基礎法則は、基本的に解明されていると思っている。多くの粒子が集合的に振る舞う場合など、基礎法則がわかっていても実際に方程式を解くのが難しく、予想外の興味深い現象が起こるといった例はある。超電導などがいい例であろう。それでも、ベースにある基礎物理法則は揺るがないものと思われていて、実際、その変更を迫るような実験や現象は知られていない。

一方で、物理系科学の研究者にとって、生命とはまことに不可思議なブラックボックスである。生命の中で起こっている一つ一つの原子や分子の反応は、すべからく我々の知る物理法則に則っているはずであり、そこに一つ一つの粒子の意思などはない（少なくとも、科学者はそう信じている）。だが、膨大な数のそれらが集まってできた一つの生命体が見せる諸現象は、無味乾燥な物理法則に従う粒子の集合体というだけでは到底説明できないほど複雑で精巧なものである。岩石が風化してバラバラになるように、非生物の物質はたいてい、ほうっておけば乱雑さが増大し、秩序も組織も何もなくなってしまうものだ。いわゆる、エントロピー増大の法則である。ところが生命は、その複雑な構造や組織を長期にわたって維持し、外からエネルギーを獲得し、それを消費してさまざまな活動をするだけでなく、自らとほとんど同じコピーを作り出して次世代に伝える。いったいどこにそんなことを可能にさせる秘密が隠されているというのか？

ニュートンに始まる物理学は、この数百年の間に驚異的な発展を遂げ、我々は１３８億年前に起きたビッグバンによる宇宙誕生からわずか数分以内に起こったとされる、水素やヘリウムといった軽元素の合成を物理学の言葉できわめて精密に描き出すことができる。山手線と同じぐらいの大きさを持つ巨大な粒子加速器を使って超高エネルギー粒子（我々の身のまわりの化学反応で粒子が持つエネルギーの約1兆倍）を作り出し、ビッグバンの直後に起こったであろう素粒子反応を実際に実験でたしかめることもできる。宇宙に存在している炭素、酸素、鉄などのさまざまな元素が、恒星の内部の核融合や超新星爆発で作られてきたということも、大枠はほぼ理解できたと思っている。物理学の力によって宇宙をそこまで解明してきたにもかかわらず、生命のことになると、そのいちばん根源の部分で物理学はまったく無力のように見えて、途方に暮れるのである。

一方、生物学者から見ると、このあたりは意外と気にならないものらしい。何でもかんでも基本要素に分解し、基礎法則によって説明しないと気がすまない、いわゆる「還元主義」（それは場合によっては悪癖と呼ぶべきかもしれない）の物理学者とは考え方が基本的に異なるのかもしれない。生物学者は目の前にある生物をあるがままに受け入れ、根本の物理法則などは気にせずに、生命の世界のなかで起こっている諸現象を観察し、理解しようとするようだ。

かつて、米国の著名な天文学者が日本に来て、生命の起源についてセミナーをしたことがある。その方はもともと、宇宙論や銀河の研究で有名な研究者だったが、やはりシニアな研究者となってから、太陽系外惑星や生命の起源といった研究に足を踏み入れた人である。その方に「物理学者が見る生命の不思議さを、生物学者はあまり気にせずに研究しているような気がするのだが」と私が質問したところ、その方も「生物学者にはたしかにそういうところがある。“Dog is dog" （犬は犬である）というような雰囲気があるんだよね」とお答えになった。

物理系と生物系の研究が断絶しているのは、日本の教育・受験システムにも問題がありそうである。将来は科学者になるような理系の高校生が大学受験をする際、理科は物理・化学・生物・地学の4科目のうちから2科目を選んで受験するのが一般的である。そうなると物理系を目指す学生のほとんどは物理と化学を選択し、生物系を目指す学生は生物・化学を選ぶことになる。筆者もご多分に漏れず、物理・化学であった。大学生以上の読者の皆さんにはおわかりいただけると思うが、受験で選択しなかった科目というのは、仮に高校で授業を受けたとしても、ほとんど記憶に残らない。やはり人間、受験という真剣勝負で必死に勉強しないと、身につかぬものであるらしい。

結果的に、物理を目指す受験生は生物の基礎をほとんど学ばず、一方で生物を目指す受験生は物理の基礎をほとんど知らぬまま大学に入り、研究者の道を目指すことになる。これでは、物理と生物の境界ともいえる「生命の起源」の問題に挑むような研究者は、とても出てきそうにないシステムになっているといわざるを得ない。ガチガチの物理の分野とガチガチの生命科学の分野の両方で、第一線の研究者として活躍するなどというのは、野球のリアル二刀流で活躍する大谷翔平選手以上に凄いといってもよいかもしれない。

その物理と生物の中間に位置するのが化学ということになる。実際、化学はその基礎法則を物理学に求め、一方でさまざまな化学反応は生命現象の基礎となる。そのため、化学の研究者は自らの専門分野をときに「セントラルサイエンス」つまり、科学の中央に位置する分野であるという言い方をする。私がはじめてその言葉を聞いたとき、何やら中華思想のような印象を持って少々引っかかるところがなかったわけではないが、少なくとも立ち位置としては間違っていない。

ちなみに4科目の最後の1つ、地学となると、受験科目としての存続が危ぶまれるほどに受験者が少ない。地学は、地球の成り立ちや歴史、大気や海洋、自然災害、さらには宇宙（天文）というきわめて重要で魅力的なコンテンツである。ただ、これらの分野は物理、化学、そして生物といった他の科目の分野を基礎にして成り立っている。そのため、地学で扱う分野の研究者を目指す人でも、受験ではまず物理・化学・生物を取るという流れになってしまうのである。筆者の天文学分野でも、科目としては地学で扱われているにもかかわらず、研究する上でいちばんの基礎となるのは物理学である。そのため、天文学科の教員として地学の入試問題を作るような人でも、自身の大学受験で地学をとった経験のある人は稀だという、奇妙な状態となる。

結局のところ、大学受験の段階で理科のうち2つの科目しか集中して勉強しないという現在の教育システムが不健全であるといわざるを得ない。実際、私が生命の起源の研究に手を出したとき、生物について私が大学受験生のレベルにすら遠く及ばないことを痛感させられた。仕方がないので、高校の生物の教科書を買ってきて勉強を始めたぐらいである。ちなみに、私の大学での研究費で購入することもできたのだが、高校の教科書を買うというのがなんだか恥ずかしくて、大手町の紀伊國屋書店にまで出かけて密かに私費で購入した。

やはり高校の段階では、物化生地の4科目を受験のなかでバランスよく勉強させるべきであろう。一私案であるが、2科目の選択制ということなら、1科目は「理科基礎」という共通科目を必修とし、物化生地の全分野の基礎を広く勉強させ、もう1科目は受験生それぞれが目指す大学での専門に合わせて4科目から選択させてはどうだろうか。

◆本書の構成

話が脱線してしまったが、このあとの本書のおおまかな構成について述べておこう。

第一章ではまず、「生命とは何か」を考える。生命というものをどう定義するかだけでも、数多くの流儀や考え方があるなかで、生命現象の本質は何かということをまず考えてみたい。

第二章では、化学反応システムとしての地球生命を概観し、生命のなかで何が起こっているのかを、読者により具体的に把握していただきたい。

第三章では、地球における生命の歴史を概観する。生命の起源を問題にするのなら、その後の生命の進化など関係ないではないか、と思われるかもしれない。しかし我々が今、世界を観察し、生命の起源について考えているのは、人類という知的生命体が出現したおかげである。そのため、観測事実にもとづいて宇宙における生命の位置づけを検討する際に、人類が誕生しているという条件を考慮する必要があるのである。そのためには結局、地球生命の全史を把握しなければならない。

第四章では、ビッグバンに始まる宇宙の歴史と、太陽や地球が誕生するまでをざっと解説し、原始生命誕生の舞台がどのように整えられたのかを見ていく。宇宙というスケールで生命の位置づけを把握するにはこれも不可欠である。

第五章からは、いよいよ本題の生命の起源について考えていく。まず、原始生命がどこでどのように誕生したのか、考えられるさまざまなシナリオを概観する。そして生命の起源において、何が最も本質的な謎であるのかを明らかにしていく。

第六章では、原始生命の誕生はどれだけ容易、あるいは困難なことだったのか。ある一つの惑星において原始生命が誕生する確率について検討し、この宇宙に原始生命が生まれるための条件は何かということを考える。

第七章では、原始生命が確実に誕生するにはどれだけの宇宙の広さが必要なのか、そしてこの宇宙は実際にどれほど広がっているのかを、宇宙論から得られる知見と合わせて検討する。そしてこの宇宙にどれだけの原始生命が誕生しているのか、という興味深い問題について考えたい。

第八章では、現在検討されているさまざまな地球外生命の探査計画を紹介し、人類が近い将来、地球外の生命体を発見する可能性がどれほどあるのか、という問いに迫る。

そして終章では、我々が感じる生命の神秘さというものが、結局どこからやってくるのかを考える。生命の起源が明らかになれば、それで生命を理解できたことになるのか。あるいはもっと深遠な謎がまだ残るのか。科学の範囲を超えるかもしれないギリギリのところで考察をめぐらし、本書を終える予定である。

◆偉大な先達に思いを馳せて

本論に入る前に、どうしてもふれておきたい一冊の本がある。シュレーディンガーによって1944年に書かれた『生命とは何か　物理的にみた生細胞』（岡小天・鎮目恭夫 訳、岩波文庫）である。シュレーディンガーとはもちろん、あの量子力学の基盤をなすシュレーディンガー方程式で有名な20世紀物理学の巨人である。彼は1887年の生まれだから、この本を書いたときは57歳である。一般には物理学で有名なシュレーディンガーであるが、晩年は生命とは何か、それを物理学でどう理解するか、ということに関心を持っていたようだ。

物理系の研究者でありながら、四十代も後半になって生命の起源の研究を始めた私が、この人に特別な愛着を感じるのはおわかりいただけるだろう。実はそれ以外にも、大物の物理学者・天文学者が晩年に生命に傾倒する（狂う?）のは、ままあることらしく、本書でものちにジョージ・ガモフやフレッド・ホイルといった超大物の名前が登場することになる。筆者などは研究者として、彼らの爪の垢というのもおこがましいレベルである。だが物理に長年携わってきて、最後にどうしても解けない究極の謎として生命にたどり着く、というのは決して変な話ではなく、ある意味、必然なのかもしれない。一方で、われわれ研究者の間でも、シニアな物理の研究者が生命の研究を始めると、冗談半分ながら「あの人は研究者としてはもう終わりだ」とか「偉い先生は晩年に狂う」などと宴席で噂されることもある。

さてこのシュレーディンガーの本であるが、DNAの発見（1953年）より前に書かれた本ながら、当時の最新の実験結果を駆使して、物理学者の視点から生命の本質を追求し、分子生物学の誕生と発展にも大きな影響を与えたというのだから恐れ入る。その内容はもちろん、今読んでもとても示唆に富むものであるが、ここでは特に「まえがき」から文章を引用したい。

シュレーディンガーはそこでいきなり「科学者は自分が十分に通暁していない問題については、ものを書かないものだ」という「掟」を破ることについて、読者の許しを乞うことから始める。そして我々は、「すべてのものを包括する統一的な知識を求めようとする熱望」を持っている一方で、過去百年間の「学問の多種多様の分枝」のために、「ただ一人の人間の頭脳が、学問全体の中の一つの小さな専門領域以上のものを十分に支配することは、ほとんど不可能に近くなってしまった」ことを嘆く。そしてこの状況を切り抜けるためには、「われわれの中の誰かが、諸々の事実や理論を総合する仕事に思いきって手を着けるより他に道がないと思います」という。たとえ「その事実や理論の若干については、又聞きや不完全」な知識であり、「物笑いの種になる危険を冒しても」である。

シュレーディンガーがこの本を書いてから80年近くの歳月が流れているが、自然科学はいよいよ「多種多様な分枝」への道をひたすら突き進んでいるように見える。もはや同じ物理学科のなかでも、分野が異なると専門的なことはほとんどわからないし、お互い興味も持ちにくい状況になっている。その一方で、生命とは何か、最初の生命がどのように誕生したのか、という根源的な問題の前では、いまだに物理学はほとんど無力である。

私が本書を書くのは勇気のいることである、という理由がおわかりいただけたろうか。私もまた「物笑いの種」になるかもしれない。それでも、「あいつがあそこまではっちゃけているのだったら、俺も少しぐらいやってもいいか」と、他にも同じような人が出てきてくれれば、それでいいのかもしれない。生命の起源が解明されるためには、そういう無謀な挑戦者がこれからも数多く出てこなければならないことだけは、たしかであろう。

宇宙になぜ、生命があるのか　目次

第二章 化学反応システムとしての生命 55

第三章 多様な地球生命とその進化史 87

第一章 生命とは何か

◆生命の定義?

生命の起源について考えるということは、必然的に、生命と非生命との間の境界について考えることになる。だが、そもそも「生命とは何か?」「生命の定義は?」という問題自体がなかなか難しいのである。ある生物学者がいったそうだが、多くの辞書において、「生命」とは生きているもの、あるいは無生物ではないもの、死んでいないものと説明する一方で、「死」のほうは生きている状態の終わりあるいは生きていないこと、といった感じで説明される。もちろんこれでは、いわゆる循環論法であり、何の説明にもなっていない。ある専門的な文献では、それまでに提案された実に123個もの生命の定義が集められたという。そのなかには「生命とは音楽のようなものである。それについて述べることはできても、定義することなどできはしない」という洒落(しゃれ)たものまである。

何が難しいかというと、どんな定義をしてみても必ず、その定義に当てはまらない反例が出てきてしまうのである。「その定義によればこれは生命ということになるが、どう考えても生命とは言い難い」、あるいは逆に「これは生命でありながら、その定義では生命とみなされない」といった具合である。現在のところ、誰もが納得する定義は存在しないといわざるを得ない。だが、「生命の定義」について深く考察することは意義のあることである。それを通じて、生命という現象の本質とは何か、が明確になってくるからだ。というわけで、本書でもまずはこの問題から考え始めることにしよう。

米国の著名な惑星科学者にしてSF作家でもあるカール・セーガンは1970年、生命を定義する際に、生命現象のどの部分について注目するかという観点として以下のものを挙げている。「生理学的」「代謝的」「遺伝的」「熱力学的」の4つである。

最初の「生理学」とは、生物を構成する各要素（組織や器官、細胞など）がどのような活動を行っているかを解き明かす学問とされる。この観点からなされる生命の定義は、「食べる、排泄する、代謝する、呼吸する、行動する、成長する、などのさまざまな生物的機能を発揮することができるシステム」ということになる。

だがこの定義の問題は、「生物的な機能」の多くが、別に生物でなくても備わっていることである。例えば自動車を考えよう。ガソリンという燃料を食べ、排気ガスを排泄し、ガソリンを燃焼してエネルギーを得て（代謝）、ガソリンを燃焼する際には酸素を消費するから呼吸しているともいえる。そしてもちろん、「行動する」。一方で、すべての生命に共通する機能は限られる。

例えば植物は行動しない。また、酸素を消費しない、つまり呼吸しない細菌もいる。

次の「代謝」とは、生命体が自らを維持するために、外界から取り入れた有機物・無機物などさまざまな物質を用いて行う化学反応や新たな物質合成の総称である。取り入れた物質の化学反応からエネルギーを取り出す「異化」と、取り入れた物質を使って自らの身体を合成する「同化」の二つに大きく分けられる。代謝は生理学で考察した生物の機能の一つであり、地球に生きるすべての生命（以下では「地球生命」と呼ぶ）に共通の、欠くべからざる機能といえるだろう。

そこでこの「代謝」の観点から生命を定義するなら、「膜などの境界によって外界から区別され、外界から取り入れた種々の物質を代謝しているシステム」ということになる。実に一般的な定義で、すべての生命が当てはまるだろう。一方で広すぎて、生命でないものも当てはまるのが難点である。例えば炎を考えよう。ロウソクの炎は明確な形を持っていて、それが外界との境界ともいえる。そしてその炎は、酸素やロウソクの蠟（ろう）を取り入れて燃やし、エネルギーを得ている。そして我々がよく知るように、時として燃え広がって「成長する」という生物的な特徴も持つ。だが、炎を生命と認める人はいないだろう。

◆「遺伝」と「進化」、そして自己複製

「生理学的」あるいは「代謝的」定義は、近代科学が発展する以前の大昔から、生命の定義としてポピュラーなものであった。一方で、次の「遺伝的」定義は、ダーウィンによる進化論の登場や、遺伝のメカニズムの解明、ＤＮＡなどの分子生物学の発展を経て、生命の定義の中でも中心的な観点になってきた。遺伝や進化の前提としてはまず、生命は自らを精密に複製するということがある。この自己複製こそ、生命の最も生命らしい活動といえるだろう。

だが、たんに自分に似たものを生み出すだけで、「生命」と呼ぶにふさわしいといえるだろうか。先に挙げた例に「炎」があるが、炎もまた、周囲に燃料さえあれば、自分と同じような性質を持ったものを自己複製するといえなくもない。では、我々が知る「生命」が自己複製を行うことが、生命らしい活動であると思わせるものは何だろうか。

炎は、その領域で燃焼が起きているだけの話であり、それが持つ組織の複雑さや含まれる情報量などはとるに足らないものである。そうした単純なものが自己複製することなら自然界にしばしば見られる。だが生命は、最も単純な単細胞生物ですら、自然界に偶然生まれたとはにわかに信じがたいほどの組織化された構造を持ち、膨大な量の情報をＤＮＡに含んでいて、それをほぼ完璧に自己複製する。そこに、我々は生命の最も偉大で、驚嘆すべき特質を見出すといえるのではないだろうか。そうなると、この「自己複製」という生命の特質の根源も結局、「偶然に生まれたとは信じがたいほど高度で複雑な生命体が、いったいどのように非生物的に誕生したのか？」という、生命の起源の問題に帰着するといえるだろう。

また、生命の自己複製はきわめて精巧に行われるが、わずかに不完全さを残していることが本質的に重要である。それこそが生命の進化を促すメカニズムだからだ。稀(まれ)に起こる遺伝子の突然変異は、その生命を良くするか悪くするか、そのような意思はまったく持たずにランダムに起こり、その多くは生命にとって悪影響を及ぼす。しかし稀に、その結果として生まれた個体が生存競争に適した特徴を持つことがあろう。

生命はそのようにして、長い時間をかけて多くの（意図しない）試行錯誤を繰り返し、その多様性を増大させる。そして、その中から環境にマッチしたものが生存競争に生き残る。これはもちろんダーウィンによって提唱された進化論で、「ダーウィン進化」という言い方もある。もし自己複製が完璧であれば、生命はいつまでも進化せず、多様性のない状態となり、気候変動などなんらかの偶発的な要因により一瞬で滅んでしまうであろう。「きわめて精巧だがけっして完全ではない自己複製」こそが、地球生命が40億年以上の長きにわたり、数多くの天変地異や絶滅の危機を乗り越えて今日まで命をつないできた秘訣といえる。

自己複製という観点から生命を定義する際、もう一つ、注目すべきポイントがある。ある個体が「生きている」ということと、生命という概念とは分けて考えなければならないということである。例えば、ラバ（ロバとウマの子ども）を考えてみよう。ラバが個体として「生きている」

ことに異論はないであろう。だが、ラバは繁殖力がなく、つまり自己複製能力がない（それゆえロバとウマは生物学的に別の種ということになる）。自己複製にもとづいて生命を定義するなら、ラバは生命ではないということになる。生命とは個体ではなく、進化する集団として捉えるべきもののように思われる。

◆NASAの定義

現在、研究者の間で最もよく受け入れられているのは、NASAによる定義とされる「生命とは、ダーウィン進化する自立した化学的システムである」というものだ。これが「NASAの定義」と呼ばれるのは、1994年頃、NASAのアストロバイオロジーについてのワーキンググループが議論して出来あがったものとされるからだ。

この定義は「ダーウィン進化」をキーワードとして、実にすっきりと簡潔にまとまっている。進化の前に「ダーウィン」とわざわざつけているのは、ダーウィンの「自然選択による進化論」であると明確にするためであろう。たんに「進化論」というと、別の人が唱えたまったく別の概念にもなりうる。有名なのはラマルクの進化論（用不用説）で、これは動物が、その生活のなかで頻繁に使う器官はよく発達するが、使わないものは衰えることに着目したものだ。親が使わずに衰えた器官はその情報が子の世代に伝わり、それによって進化が起こるというもので、現代の科学界で確立しているダーウィン進化とは相容れない。

この定義は一見、シンプルすぎて、自己複製や進化以外の重要な生命の特質をカバーしていないのではないかという意見もあろう。だがよく考えれば、それらの特質は「ダーウィン進化を可能にさせる上で不可欠なもの」として、間接的にこの定義に含まれているともいえる。自らを精密に複製するという活動のためには、体の材料となる物質を外から取り込み、それを化学反応させて体を合成するためのエネルギーも取り込む、つまり代謝が不可欠である。自己複製のためには、そもそも「自己」を定義できることが前提であるが、そのためには膜などの境界で外界から隔てられていると考えるのが自然であり、そうした要素も含まれてくる。

ただ私は、「化学的（英語では chemical）」は余計だったのではと考えている。おそらくこれは、我々の知る地球生命が、化学反応のネットワークの上に成り立っていることを考慮したものだと思われるが、「生命」の概念に化学反応が必須であるとは思えない。我々の知る生命に近いものにわざわざ限定し、一般性を失っているように思う。

実際、「化学的」システムではない生命も容易に想像することができる。例えばコンピュータ・ウイルスのようなものである。その名の元となった生物的なウイルスは、自立して自らを複製することができず、他の生物に寄生してその内部の物質を利用してはじめて自己複製ができる。そのためウイルスは生命とはみなされないし、前述のＮＡＳＡの定義の「自立した」という条件を満たさない。

コンピュータ・ウイルスも、感染させるコンピュータを「宿主」と考えて「ウイルス」と命名されたのだろう。だが生物界との対比でいうなら、ウイルスに対するコンピュータやそれらがつながれたネットワーク世界は、宿主というよりは環境と捉えるべきであろう。その環境のなかで、ネットを通じて他のパソコンに自己複製を行い、しかも、それがわずかに変化し、多様化するなかで、ウイルス防止策を突破するものが生き残り、自然に広がっていく……とすれば、これはもう「進化する生命」と呼んでもよさそうである。そう考えると、ＮＡＳＡの定義の「化学的」と限定するところにはやや違和感を覚えるのである。

もちろん、コンピュータ・ウイルスは他の知的生命体である人類が意図的に生み出したものであり、その点は自然界の生命とは大きく異なる。だがそれは、「生命の定義」とは別の観点であり、生命にも、自然に発生したものもあれば人工のものもあり得る、ということではないだろうか。例えば、ダイヤモンドという物質を定義する場合に、それが自然に産出したものか、人工的に造られたものかは問わないであろう。

冒頭に紹介した、１２３もの「生命の定義」を検証した論文では、さまざまな単語がこれらの中にどれくらいの頻度で登場するかを集計している。さらに、ある特質は別の特質の必要条件なので定義としては不要、などという感じで削ぎ落としていくと、最小の生命の定義として「自己複製する」ことと「変化（進化）していくこと」の二つが残ったという。つまり完璧な自己複製ではなく、「わずかに不完全な自己複製」こそが生命の本質というわけだ。

20世紀の生化学者であるオパーリンは、物理や化学の法則にもとづいて自然に最初の生命が誕生したとする化学進化説を提唱し、生命の起源研究に大きな影響を与えた人である。このオパーリンによる定義もまた、「自己複製と突然変異を起こすすべてのシステムは生きている」というものであった。ＮＡＳＡの定義からさらにぜい肉を落としたような感じだが、筆者にもこれがいちばん、本質的かつ一般性が高いと思われる。そして、ここまで単純化した生命の定義を採用するならば、「生命と呼べるようなモノ」を人工的に作り出すことも、さほど夢物語ではなさそうだ。

◆それでも悩ましい「生命の定義」

ちなみに、ＮＡＳＡの定義には以下のような批判もある。仮に将来、我々が地球外に生命らしきものを発見したり、あるいは実験室で作り出したりした場合、それをＮＡＳＡの定義に従って「生命である」と証明しようとすると、それが「ダーウィン進化」することを確認する必要がある。だが進化の時間スケールはおそろしく長く、我々がその場で目の当たりにすることは難しい。となると、この定義を採用していたら、それが生命かどうかを証明できないではないか？

たしかにこの批判はもっともである。ただし、高等生物の進化の時間スケールはたしかに途方もなく長いものの、単純な微生物やウイルスでは進化の時間スケールは比較的短い。例えばこの数年、世界を大混乱に陥れた新型コロナウイルスのＲＮＡは短時間で変異を起こし、数ヵ月の間にデルタ株だのミュー株だの、新たな変異体が生じてニュースを騒がせた。将来、我々が新たに出会うかもしれない「生命らしきもの」もそのように速く進化するなら、ダーウィン進化を実証できる場合もありうるだろう。

もう一つ、ＮＡＳＡの定義では削られてしまっているが、生命の定義で時折出てくるキーワードがある。生命は「高度化」あるいは「複雑化」するというものである。地球生命の場合はダーウィン進化の結果、高度化や複雑化が起こったと考えられるので、この観点はＮＡＳＡの定義に含まれているともいえる。しかしＮＡＳＡの定義を満たすすべての生命が、高度化や複雑化を引き起こすだろうか？

ダーウィン進化の考えにたてば、複雑化や高度化が起きたのは、生命が意思を持ってその方向に進化したからではない。突然変異というランダムな試行錯誤の結果、一部の生命が高度化し、たまたまそれが環境に適していたから生存競争を生き延びてきたにすぎない。実際、原始的な単細胞生物の膨大な種族もまた、現在まで生き残っている。

現在の地球生命がここまで複雑化したのは、多細胞生物が登場してからといえるだろう。その究極の延長線上に、知的生命体の誕生がある。もし、単細胞生物として誕生した地球生命が、「多くの細胞が集まって多細胞生物として活動する」という能力をまったく持たなかったらどうなるだろうか。さまざまな異なるタイプの単細胞生物が登場し、環境の変化に適応できたものだけが生き残るという「ダーウィン進化」は起きても、多細胞生物のような高度化や複雑化は起きなかったのではあるまいか。

そもそも、多細胞生物のなかの一つ一つの細胞を生命と捉えれば、多細胞生物の個体とは一つの生命というより生命の集合体、つまり人間に対する会社や国家のようなものと考えられなくもない。そうなると、多細胞生物にはまた別の定義が必要なのかもしれない。そして高度化・複雑化というのはすべての生命に必然的に起こることではなく、生命の一例である地球生命が持つ特有の性質にすぎないのかもしれない。このあたりの判断は難しい。結局の所、完璧な「生命の定義」は今のところ不可能であり、そしてもしかしたら未来永劫、不可能なのかもしれない。

◆物理から見た生命——非平衡とエントロピー

さてここからは視点を変えて、物理系の科学者から生命を見たときに必ず登場する、「非平衡」や「エントロピー」といった概念を紹介し、そこから見える生命という現象について考えてみよう。セーガンが挙げた4つの観点の最後、「熱力学的」生命の定義である。

生命の驚嘆すべき特徴は、高度に組織化された形態（目や手足、内臓や骨格など）があり、それらが次世代にほぼ正確に複製されることであった。この、物質や物理状態が「組織化されている」というのはどういうことか。実は物理学では科学的に厳密に定義された概念が広く用いられている。それがエントロピーである。

エントロピーとは「乱雑さ（秩序の反対）」、「ランダムな度合い」の指標である。例えば、部屋にある本や玩具、置き物などがてんでばらばらに散らかっている状態を我々は「乱雑である」とか「秩序が低い」と考える。それはエントロピーが高い状態に対応し、逆にエントロピーが低いということは、本が整然と本棚に並び、置き物がきれいに並べてある状態ということになる。筆者にも小さい子供がいるが、子供に部屋を任せておくと、エントロピーは必ず増大することを容易に痛感できる。子供が遊んでいるうちに、おもちゃが自然におもちゃ箱に、本は本棚に収まってくれればどんなに楽であろうかと思うが、そんなことは絶対に起こらない。

こう書くと、何だか捉えどころのない概念のように聞こえるかもしれないが、エントロピーには厳密な定義がある。ボルツマンの公式と呼ばれるもので、ある物体や領域のエントロピー S は、それを構成するミクロな粒子たちが取りうる状態の総数 W の対数として定義される。式で書くなら $S = k \log W$ で、log は自然対数、k はボルツマン定数と呼ばれるものである。

ボルツマンは19世紀後半に活躍したオーストリアの物理学者で、物理学の一分野である統計力

図1-1　ボルツマンの墓所

学の大家ともいうべき存在である。統計力学は、物体の熱やエネルギーなどに関するマクロな性質を議論する従来の熱力学に、ミクロな分子論による基礎を与えた。ウィーンにあるボルツマンの墓標には、この公式が誇らしげに刻まれている。

　このように式で書けば簡単だが、「取りうる状態の総数」といわれてもまだピンとこない読者も多いだろう。ある箱につまった気体を例に取って説明しよう。気体というのは、それを構成する粒子（分子）が箱の中で自由に飛び回っている状態である。箱の中にN個の粒子があるとしよう。あなたは神様で、これらの粒子を箱の中に自由に配置できる。場所だけでなく、粒子の速度や方向も指定できる。状態の数Wとは、そういう配置のやり方の総数ということになる。粒子を置く場所は箱の中で連続的に変わりうると考えると、やり方は無限大になってしまうように思えるが、量子力学の不確定性原理により、位置と速度を同時にハッキリ決めることはできない。そのため、粒子が取りうる位置や速度の値は、ミクロの世界では格子のようにとびとびになっていると考えてよい。すると N 個の粒子の置き方も有限の数として数えることができるのである。

我々の見るマクロ（巨視的）なスケールでの気体の性質は、このエントロピーが最大になるような状態として実現される。これは何も難しい話ではなく、単純な確率論である。ミクロ（微視的）な粒子たちの、ある配置の仕方は同じ確率で実現されるので、可能な配置の数が多いほうが、その分だけ実現する確率も高いのである。

わかりやすい例を挙げよう。箱の中の気体粒子がすべて箱の左側半分に集まっている状態を考える。すべての粒子をまったくランダムに配置するなら、こうした事が起こる確率は決してゼロではない。N 個の粒子がすべて左半分に配置される確率は 2^N 分の1である。だが気体の中には膨大な数の粒子が含まれるから、その確率はきわめて低くなる。マクロな気体の中に含まれる典型的な粒子数 N はアボガドロ数（1グラムの水素に含まれる水素原子の数で、$6.02214076 \times 10^{23}$）程度であり、この場合、確率 2^N 分の1の「2^N」は、1のあとにゼロが 2×10^{23} 個ほど並んだ、意味がわからないぐらい巨大な数字となる。

すべての粒子が箱の左半分に集中する確率は数学的にゼロではないが、現実的にはゼロである。それはミクロな粒子の数があまりに膨大だからだ。このアボガドロ数がいかに大きな数字か

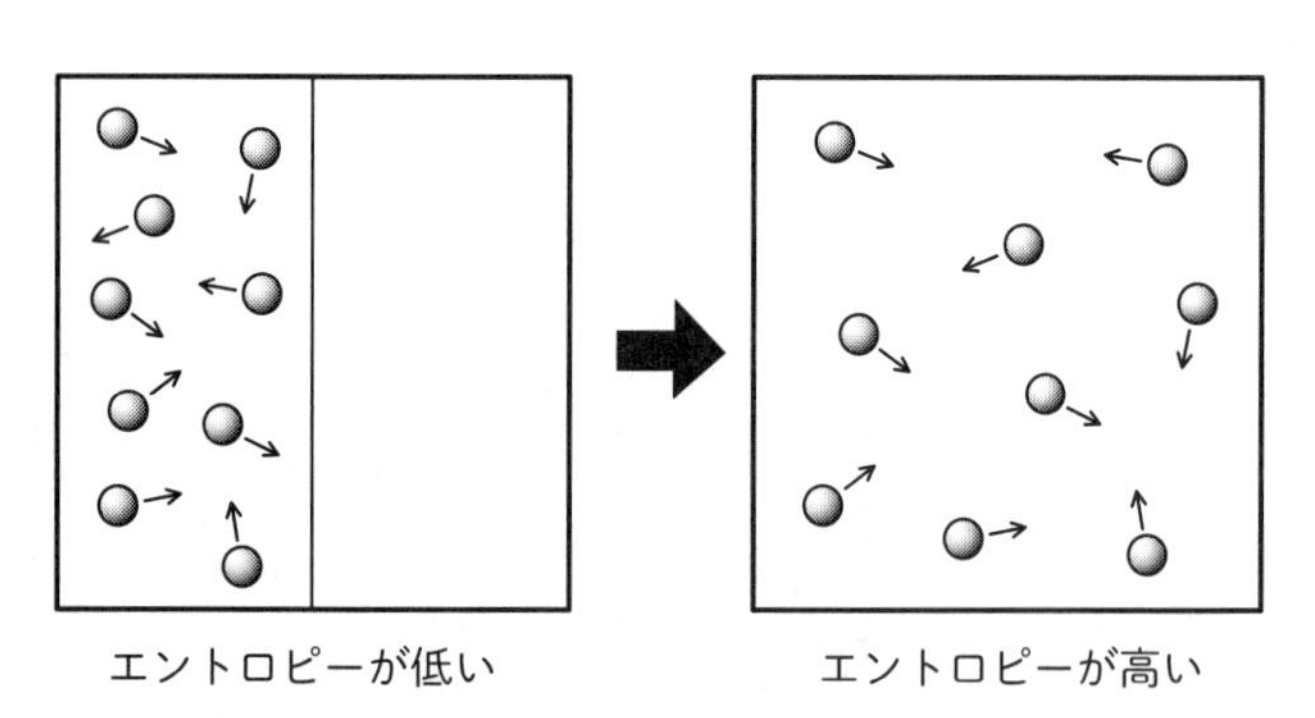

図1-2　エントロピー増大の法則

を実感するには、19世紀の英国の物理学者ウイリアム・トムソンが好んで説明に用いたという思考実験が最適であろう。今、あなたは水が入ったコップを持っている。その水を海に捨てて、地球の海全体をよくかき混ぜた上で、もう一度海からコップに水を汲む。するとそのコップには、元のコップの水に含まれていた水分子が100個ほど入っているはずなのである。ちなみに昔の英国の物理学者には貴族階級の人が多く、トムソンもまたケルビン卿という爵位で呼ばれる貴族であった。絶対温度の単位ケルビンは彼に由来する。

箱の中の気体の話に戻ろう。箱の中央に仕切りを設置して、すべての気体粒子を左半分に強制的に集め、右半分は空っぽ（真空）にしておいたとする。その仕切りを外した途端、またたくまに気体は箱全体に満ちることは容易に想像できるであろう。これは、子供が遊んでいるうちに部屋が散らかることと本質的に変わらない。箱の左側に偏った状態はエントロピーが低いということである。このように、エントロピーが変化することが可能な場合は、必ずエントロピーが増大する方向に変化し、確率的により可能性が高い状態へ移行する。これが「エントロピー増大の法則」である（図1-2）。そしてエントロピーが最大となる（この場合は気体粒子が箱全体を満たす）ところで安定状態となる。この安定した状態を物理学では「平衡」と呼んでいる。

◆温度とは何か

エントロピーに深く関連した概念として、温度についてもふれておこう。エントロピーに比べれば、温度というのは我々にとってはるかに馴染み深い概念である。科学の専門家でなくても、「○○の温度が高い」といった会話はごく日常的に行われる。だが真剣に「温度とは何か？」という問題を考え始めると、実はこれほど難しい概念もなかなかないのである。あなたは、「温度とは何か？」と質問されて、明確に答えられるだろうか？　触れたら熱く感じるのが「温度が高い」ことであり、温度は温度計で測るもの、というのが普通の人々の回答だろう。では、「熱い」「冷たい」というのは科学的にどういうことか、あなたは説明できるだろうか？　温度計で測る温度とは、そもそも誰がどのように決めたのか？

温度に関する重要な性質として、熱いものと冷たいものを接触させると、熱いものから冷たいものへ熱（つまりエネルギー）が流れ、その逆はけっして起こらない、というものがある。というより、実はもともと、そのような指標として温度を定義したというのが正しい。触ったときに熱いとか冷たいとか感じるのも、元をたどれば、温度の差があることによりエネルギーの流れが生じることを感じているのだ。

現代の物理学では、温度は以下のように定義するのがいちばんすっきりする。ある孤立した物体や領域（専門的には「系」と呼ぶ）を考える。その系に少量のエネルギーを外から注入すると、系のエントロピーは増大する。系に含まれる総エネルギー量が多いほど、構成粒子が取りうる状態の自由度も増えるからだ。そして、このエネルギーの変化に対するエントロピーの変化率として温度が定義される。温度を T、エントロピーの増加量を ΔS、注入されたエネルギーを ΔE とすれば、$\Delta S = \Delta E/(kT)$ という関係である（k は先に出てきたボルツマン定数）。つまり温度が低いほど、同じエネルギーの変化量に対してエントロピーは大きく変化する。普通の人の感覚からすれば逆に思えるかもしれないが、専門的にはまずエントロピーが定義され、それを用いて温度が定義されるのである。

さて、温度が異なるAとBという2つの系が接しているとしよう。図1－3のように、AからBにエネルギーが移動すると、Aのエントロピーが減り、Bは増える。エネルギーは保存するから、Aのエネルギーの減少量とBの増加量は同じである。しかしBの温度が低い分、Bのエントロピーの増加量はAの減少分より大きい。したがってAとB全体では、エネルギーは変わらないがエントロピーは増える。エントロピーは常に増大するのが自然法則なので、エネルギーはAからBへ一方的に流れ、その逆は起こらない。

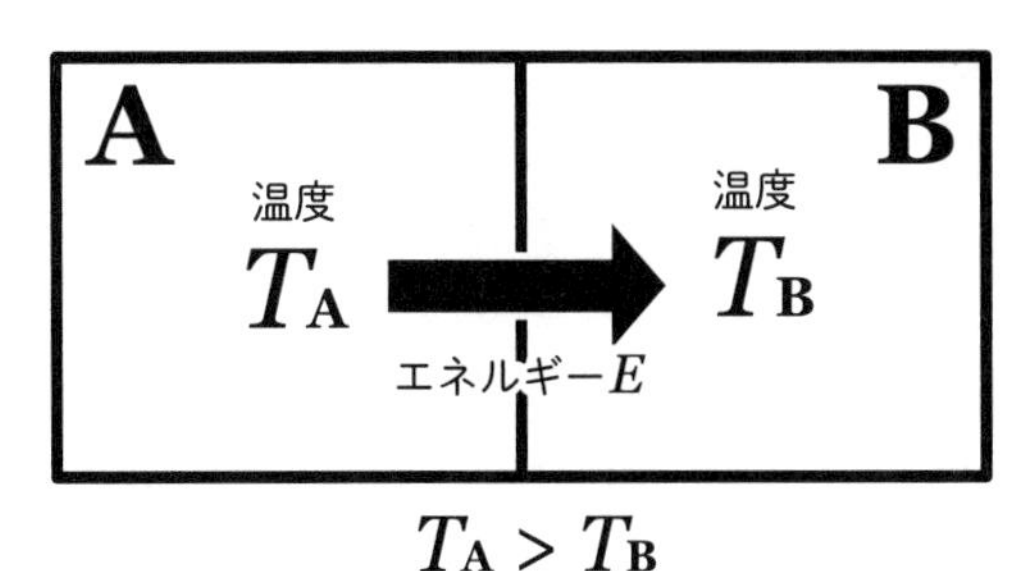

$$\Delta S_A = -\frac{E}{T_A} \qquad \Delta S_B = +\frac{E}{T_B}$$

全体のエントロピー変化

$$\Delta S = \Delta S_A + \Delta S_B > 0$$

図1-3
2つの系の間のエントロピーとエネルギーの移動の模式図

さらに、多少の数学を使いつつ物理的な考察を進めることで、こうして定義した温度とは、物質を構成するミクロな粒子が平均的に持つエネルギーの大きさと本質的に等価であることも示される。大学二、三年生レベルの物理学である。この結果は以下のように直感的に理解できる。

ある気体のなかに、局所的に、粒子の運動エネルギーがひときわ高い領域があったとしよう。その領域の粒子は周囲の低エネルギーの粒子とぶつかり、自らのエネルギーの一部を相手に分け与える。これを繰り返すと、やがて運動エネルギーが高かった粒子たちは皆、そのエネルギーを周囲の低エネルギー粒子に与えてしまい、結果として、どの粒子も平均的に同じ運動エネルギーを持つ状態に落ちつく。温度が高い方から低い方にエネルギーが流れるとは、つまりこういうことである。人間社会の資本主義経済のもとでは貧富の差は放っておけば広がりがちだが、自然界では逆にエネルギーを平等に分配するという指向性があるようだ。人間社会はまだまだ自然界に遠く及ばないことの一例であろう。

基礎物理法則は、ミクロな粒子について見れば、時間について反転対称性を持っている。つまり、粒子がある軌跡に沿って運動した場合、終点での速度を逆向きにひっくり返して手を離せば、ビデオを巻き戻したように元の状態に向かって運動する。粒子の運動エネルギーが高い領域から外側の領域にエネルギーが移動する現象を、時間軸を逆転させてみよう。すると、すべての粒子が同じ運動エネルギーを持っていた気体の中である場所に突然、粒子の運動エネルギーが高い場所ができることになる。これは原理的には起こり得るのだが、そのようなことが起こる確率が恐ろしく低いため、現実には起こらない。基礎法則が時間反転について対称的なのに、エントロピーは時間とともに増大する方向にしか進化しないという性質は、膨大な数のミクロ粒子からできている物質の確率論から生じるのである。

◆エントロピーから生命を考える

エントロピーという概念は多くの読者には馴染みがないであろうと思い、少々紙面を費やした。このエントロピーという観点から、あらためて生命なるものを見つめ直してみよう。生物はきわめて複雑な形態や構造を持ち、それが精巧に維持・複製されている。これは明らかに秩序だった、エントロピーの低い状態である。人間を、構成している原子や分子にまで分解し、ランダムに化学反応を起こして再び結合させても、生きた人間が出来あがるとはとても思えない。

生物ではなくても、複雑で秩序だった構造を持つものが自然界にないわけではない。例えばさまざまな固体物質は、ミクロなレベルで見れば綺麗な結晶構造を持つ。これは原子や分子が周期的に整然と並んで固定されている状態であり、原子がばらばらに飛び交っている状態に比べればエントロピーは低い。しかしこれは、生命が低エントロピーであることとは本質的に異なっている。すでに述べたように、ある系からエネルギーを取り去れば、エントロピーも減少する。そして放出したエネルギーが戻ってこない状況、例えば、光として放出されて遠くに飛び去るような状況を考えよう。するとエネルギーはひたすら放出されるのみで、もうこれ以上エネルギーが放出できないところまで行き着き、低エントロピーは自然に実現される。固体の結晶はそのようなものだ。

ところが生命というものが不思議なのは、エネルギー（植物なら光、動物なら他の生物体という燃料）を外から取り込んで、エネルギーの高い活動的な状態でありながら、低エントロピーの状態を実現し、維持していることである。エネルギーが高い状態にあるということは、考えてみれば生命にとって必須の条件である。生命としての活動を行うためにはエネルギーがいるからだ。たんに秩序さえあればいいというなら、固体の結晶にも秩序があり、それをうまく使えばDNAのように遺伝情報を持たせることもできるはずだ。だがエネルギーを外に出し切ったことでこの秩序を実現しているため、固体の結晶にはもはや何も生命らしい活動を期待することはできない。

生命が外界からエネルギーを取り込む結果、その体を構成する有機物もエネルギーが高い状態にある。違う言い方をすれば、それは「燃える」。生物の遺骸を燃やせば、空気中の酸素と化学反応を起こして燃え、その結果エネルギーが放出される。車のエネルギー源はガソリンであり、ボディやエンジン自体にエネルギーはない。だが生命は、その体全体がエネルギー貯蔵庫のようなものである。だからこそ、太古の生物の遺骸である石炭や石油から我々はエネルギーを取り出すことができる。非生物的にできた岩石はエネルギーを放出し切って安定な状態にあるので、燃やそうとしても燃えないし、エネルギーを出すこともない。

生命のこの特質は、一見、「エントロピーは必ず増大する」という物理学の法則に逆らっているように見える。このパラドックスを解くカギは、生命体と外界との相互作用にある。エントロピー増大の法則が成立するのは、外界から遮断された孤立系においてのみである。外界とエネルギーやエントロピーのやり取りをしているような系では、局所的にエントロピーが減少してもよいのだ。

全体としてエントロピーは増大しているが、局所的に低いエントロピーが実現されている身近な例として、エアコンや冷蔵庫が挙げられる。冷却装置によって部屋の温度が外より下がっている状態は、ほうっておけば外から熱が流れ込んで、やがて温度が等しくなってしまう。つまり、温度差がある状態はエントロピーが低い状態である。しかしエネルギーを消費して冷却装置を稼働しておけば、部屋内の空気が持つ熱エネルギーを外界に移し、さらに、装置を稼働させているエネルギーも合わせて外界に捨てることになる。その結果、外界ではエントロピーが増大しており、トータルで考えてエントロピーが増大していれば、物理法則に矛盾することはない。

生命も、この点はエアコンと同じである。全体としてみれば、生命が取り込んだ光や燃料のエネルギーが熱に転化して外界に放出されるという、紛れもなくエントロピーが増大する現象であり、逆方向の反応は自然には起こらない。

◆秩序を保つ秘訣は？

では具体的に、生命が局所的にエントロピーを低下させ、秩序と組織を維持できている秘訣はどこにあるのだろうか？　ポイントは二つある。「すでにある秩序の維持」と「新たな秩序の生成」であり、これらは分けて考える必要がある。

最初の「秩序の維持」は、すでに出来あがっている生命の構造が保たれることである。例えば遺伝情報が保存されているDNAは、その細胞が生きているかぎりは、その形態が保存されなければならない。ここで重要な働きをしているのが、分子の中で粒子を結合させている力である。分子とは、プラスの電荷を持つ原子核とマイナスの電荷を持つ電子が、電気的な力で結合したものである。力といっても、ミクロな粒子レベルでの原子核や電子の運動は我々に馴染み深い古典力学では記述できず、量子力学を用いなければならない。分子の中での原子核や電子は、この量子力学的な力によってガッチリと固定された構造を持つ。そして、すべての化学反応とはその結合の組み替えに他ならない。大本をたどれば、それはすべて電気の力である。自然界には、重力、電磁気力（電気と磁気を統合した力）、強い力（原子核の内部で陽子や中性子に働く力）、そして弱い力（ニュートリノなどに働く）、の4種の力が知られているが、地球生命の活動に実際に関係するのは最初の二つのみである。生命は重力下で活動する電気じかけの人形といってよい。

さまざまな分子の中には、その構造がエネルギー的に高い状態であり、分子の中の原子をバラバラにしたり、あるいは組み替えることでエネルギーが発生する（つまり、燃える）ものもある。そうした分子はさっさとエネルギーを周囲に解放して、分解あるいは変形してしまうように思える。だが簡単にそのようにならないのは、分解あるいは変形するために、まずは外から一度エネルギーを与えてやらないといけないためだ。エネルギーが高い状態から低い状態に移行する途中に、さらに高いエネルギー状態の山が障壁となっていると思えばよい。

例えば紙や燃料、生物の遺骸を燃やせば、有機化合物が空気中の酸素と化学反応を起こすことでエネルギーが取り出せるが、そのためにはまず、外から火をつけてやらねばならない。反応が起こりやすくするために高温にする必要があるのだ。この障壁のために、一度合成された生物の組織はエネルギー的に高い状態でありながら、一定の時間、その秩序を維持することができる。その本質的な理由は量子力学である。量子力学というと、何やらわけがわからない、日常からかけはなれた話のように聞こえるかもしれない。しかし生命というものが存在しているその基盤に、量子力学があるといえる。

もう一つの「秩序の生成」は、より生命の本質にかかわるものといえよう。量子力学的な結合によってしばらくは生物の形を維持できても、その細胞はやがて次々と死んでいく。生物がその寿命を長く保つためには、常に細胞を新たに作り出さなければならない。地球生命の場合、新たに細胞を作り出す秩序の源はもちろんＤＮＡである。ＤＮＡを設計図として生体活動に必要なさまざまなタンパク質が合成される。また、細胞分裂の際にＤＮＡがコピーされ、次世代の細胞や生命個体に設計図が受け継がれる。

ＤＮＡやタンパク質の構成単位は核酸塩基やアミノ酸である。バラバラに存在していたこれらの分子が、既存のＤＮＡをテンプレート（鋳型）として新たなＤＮＡやタンパク質に合成される。バラバラだったものが秩序のある形で結合するので、ここだけを見ればエントロピーは明らかに減少している。どうして、逆にＤＮＡをバラバラにする反応が起こらず、秩序を生成する方向にだけ反応が進むのか。これが、「生命の自己複製」という不思議な現象の核心といえるだろう。これについては次章で詳しく見ていくことにしたい。

ここでもう一つ重要な点は、新たなＤＮＡの合成は既存のＤＮＡの複製という形でしか起こらないということである。もし、テンプレートを必要とせず、バラバラの核酸塩基から新しいＤＮＡをどんどん合成できるようなメカニズムがあったらどうなるだろう？　そうしてできたＤＮＡに書き込まれた遺伝情報はてんでバラバラなものだろうから、そんなものが大量に生成されたら、生物の体もメチャクチャになってしまう。ＤＮＡを合成するメカニズムは生命に必須だが、それはあくまでも既存の、正しい遺伝情報を持ったＤＮＡをコピーするだけ、というものでなくてはならない。ここに、生命というものが存在している不思議さの一つがあるようだ。

さてそうなると、また一つの疑問に行き当たる。ＤＮＡは既存のＤＮＡのコピーとしてしか合成できないなら、最初の生命のＤＮＡや遺伝情報はいったいどこから来たのか？　という、生命の起源の問題に再び行き着くのである。

◆シュレーディンガーの「負のエントロピー」？

先に紹介したシュレーディンガーの古典的名著には、「生物体は負のエントロピーを食べて生きている」という有名な言葉が登場する。「負のエントロピー」という言葉自体が不思議な響きを持ち、しかも生物がそれを食べるということで、この言葉はさまざまに解釈されてきたように思われる。なかには、「負のエントロピー」が通常のエントロピーとは異なるもので、生命の神秘のカギを握る実体であるかのような解釈も見たことがある。だがこの言葉は、表現として実に比喩的で面白いとはいえ、通常の物理学の枠組みをなんら超えるものではない。本章の最後にこの点について説明しておこう。

図1-4　エルヴィン・シュレーディンガー

まず、物理学において「負のエントロピー」は通常あり得ない概念である。エントロピーの定義はすでに書いたとおり、ミクロな粒子が取り得る状態の数の対数であった。状態の数は1以上の整数であるから、その対数を取ったものは正またはゼロである。取り得る状態数が1つしかないときがエントロピーゼロの状態である。したがって「負のエントロピー」というのは通常の物理学ではあり得ない概念となる。実際シュレーディンガーは、負のエントロピーについての議論は仲間の物理学者から疑義や反駁を受けたと書いている。

むしろここでの本質は、前節で述べた「新たな秩序の生成」であり、ほうっておけば増えてしまうエントロピーを減らして外界に捨てるということにほかならない。「エントロピーを局所的に減らす」ところを「負のエントロピーを食べる」という比喩的な表現で述べたにすぎない。この点、エアコンと本質は変わらないのであり、冷房が効いた部屋もまた、負のエントロピーを食べているということが可能である（そして、それ以上に大きな正のエントロピーを外に「排泄」している）。

シュレーディンガーは、「負のエントロピーを食べる」ことの具体的な例として、動物が他の生物を食すことを挙げている。たしかに、捕食される生物は秩序だった組織を持っている物体で、エントロピーが低い状態である。それを食べるのだから、生物が低エントロピー状態を維持する秘訣はそこにある、と考える人もあろう。

だがこの考えは、現代の生物学の知識から見れば間違っているといわざるを得ない。なぜなら、他の生物に捕食された生物の体はそのまま捕食者の体になるわけではなく、一度、タンパク質の構成単位であるアミノ酸にまで分解されるからである。そして捕食者のＤＮＡを設計図として、そのアミノ酸をもとにあらためてタンパク質を組み立て直し、はじめて捕食者の体の一部となる。つまり、食べられた生物が持っていた秩序は一度バラバラにされて、捕食者の中で新たな秩序として生まれ変わっているのである。動物が他の生物を捕食するのは、秩序そのものを補給するためではなく、むしろ、新たな秩序を作り出すために必要な材料とエネルギーを補給するため、というほうが適切であろう。

ただし、この程度のことはシュレーディンガーの名著の価値を損なうほどのものではない。シュレーディンガーの時代はまだＤＮＡも発見されておらず、生命体を構成するタンパク質がＤＮＡの遺伝情報にもとづいて合成されるメカニズムもまったく知られていなかったのだから、無理もない。そんな時代に、生命の遺伝情報は細胞の中のきわめて小さな領域に、量子力学の力で結合した分子として保存され、それこそが生命の低エントロピー状態を保つ秘訣であることを見抜いた。そこを評価するべきであろう。それはその後のＤＮＡの発見や分子生物学の誕生を予見するものであった。

第二章 化学反応システムとしての生命

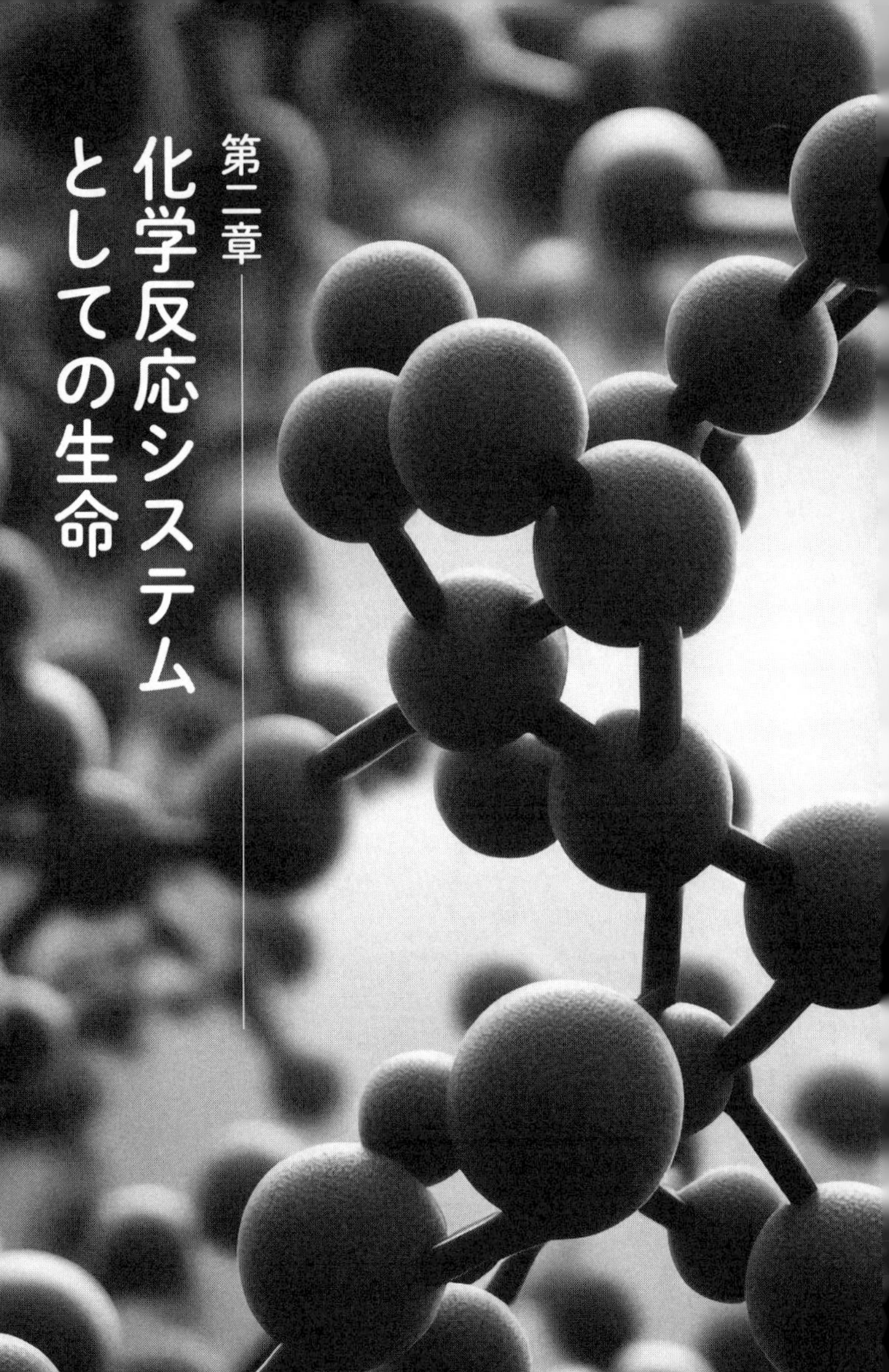

◆地球生命を形づくる物質

前章ではやや抽象的な観点から、一般論として「生命とは何か」ということを考えてみた。本章ではもう少し具体的に、生命として我々が知る唯一の例である地球生命について、その物質的成り立ちや、生命現象の根幹で働いているさまざまなメカニズムを見ていきたい。本章の内容は、生物学に詳しい人にとってはほとんど常識のことが多いであろうから、そういう人は読み飛ばしてもらってかまわない。一方で私のような物理系の人間の中には、こうしたことを系統立ててしっかり学ぶ機会がなかったという人も多いであろう。そのような人たちにとって、本章が手軽な生物学入門となっていればうれしい。あるいは、物理屋からみると生命とはこう見えるのか、という視点では、生物のエキスパートにも新鮮なものがあるかもしれない。

すでに述べたように、地球生命とは化学的な原子・分子の結合でできた有機物質が、さまざまな化学反応を起こすことで実現されている、「電気じかけの人形」である。地球生命がどのように誕生したかを探るためには、当然ながら、地球生命がどのような物質でできているかをまず押さえる必要がある。地球生命といっても、学術的に知られているだけでも１３０万を超すといわれる膨大な数の生物種が存在する。しかし、そのすべての種に共通する性質やメカニズムもまた多い。そこからまた、「生命とは何か」という問題についての大切なヒントが見えてくるであろう。

◆タンパク質〜生命活動の主役

まずは地球生命の体を形づくっている物質についてまとめておこう。よく知られているとおり、生命物質の大部分はタンパク質と呼ばれるもので、これはさまざまな種類のアミノ酸が多数（短いもので数十個、長いものでは数千個）つながってできた高分子化合物である。アミノ酸は、アミノ基とカルボキシ基と呼ばれる部分を持った有機化合物の総称で、自然界には５００種類以上が知られている。アミノ基とは図２-１のように、１つの窒素原子（N）と２つの水素原子（H）からなる「$-NH_2$」という部位のことで、同様にカルボキシ基は炭素（C）と酸素（O）、水素による「-COOH」という部位のことである。このアミノ基とカルボキシ基を直接くっつけたものが、最も単純なアミノ酸であるグリシンとなる。

さまざまなアミノ酸の中で、地球生命が使っているアミノ酸は20種類のみであり、これはすべての地球生命種に共通している。タンパク質はこの20種類のアミノ酸を多数結合させて、立体的

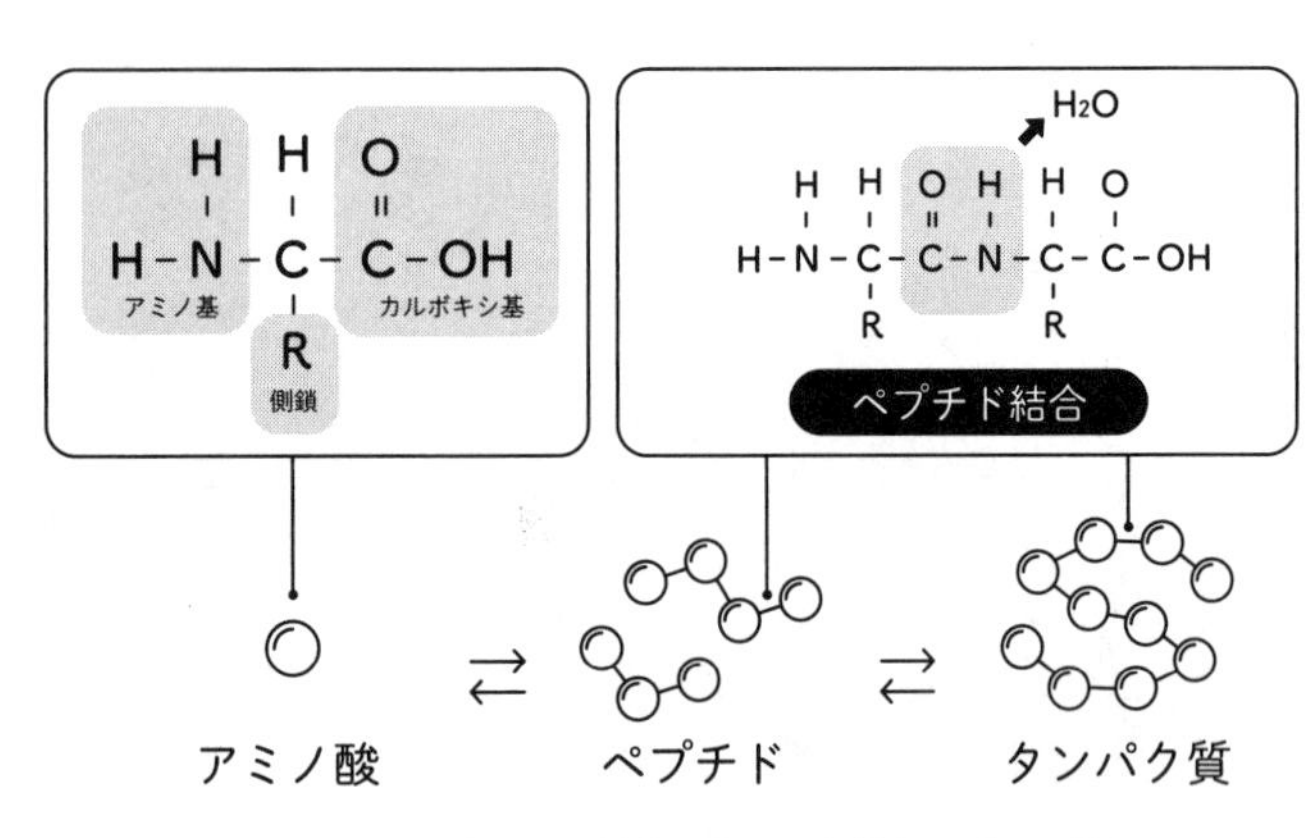

図2-1　アミノ酸の原子結合とタンパク質とペプチド結合

で複雑な構造を持つようになったものである。いわば、20種類のピースを使って組み立てる立体パズルと思ってよい。ただし積み木のように三次元方向に結合が広がるのではなく、アミノ酸はあくまで一次元的に、つまり鎖状に連なって結合している。鎖が複雑に折りたたまれて三次元的な構造をとっているわけだ。

ということは、1つのアミノ酸は2本の腕を持っていて、それぞれが他のアミノ酸と結合していることになる。それはアミノ酸が必ず持っているアミノ基とカルボキシ基の結合で、その際、水分子（H_2O）が放出される（図2－1）。これが、ペプチド結合と呼ばれるものである。

20種類のアミノ酸がどのような順番で結合するかによって、並び方に応じた多種多様な立体構造をとり、ほとんど無限の種類のタンパク質が考えられる。実際に人体に使われているタンパク質の種類は10万を超えるといわれる。このタンパク質はたんに我々の体を形づくるだけでなく、生体内で起きているさまざまな化学反応や活動性を可能にする。例えば、有機物を燃やせばエネルギーが出ることを我々は経験的に知っているが、そのためにはまず火をつけて高温にしてやる必要がある。有機物はエネルギー的に高い状態にあり、それを低い状態に移せばエネルギーが取り出せる。だがそのためには量子力学的なバリアを越える必要があり、一度、外からエネルギーを与えなければならないのだ。しかし生体内では、はるかに低い温度で有機物が「燃焼」し、エネルギーが生み出されている。これを可能にさせているのがタンパク質からできた「酵素」である。さまざまな酵素が触媒として働くことで、生命独特の化学反応が生み出されている。

◆核酸～遺伝情報の核心

生命の体を形づくり、その活動性の主役となるのがタンパク質なら、生命が持つ遺伝情報やそれにもとづく自己複製の根幹をなすのがＤＮＡやＲＮＡと呼ばれる核酸である。その核酸は、ヌクレオチドと呼ばれる分子が多数、鎖状に長く連なった高分子である。生命の遺伝情報はこの一次元的に連なったヌクレオチドの並びに格納されており、それを読み取ることで、やはり一次元的に連なった巨大分子であるタンパク質がつくられる。ＤＮＡは生命の設計図といわれるが、より具体的には、生体内で使われるタンパク質の設計図なのである。

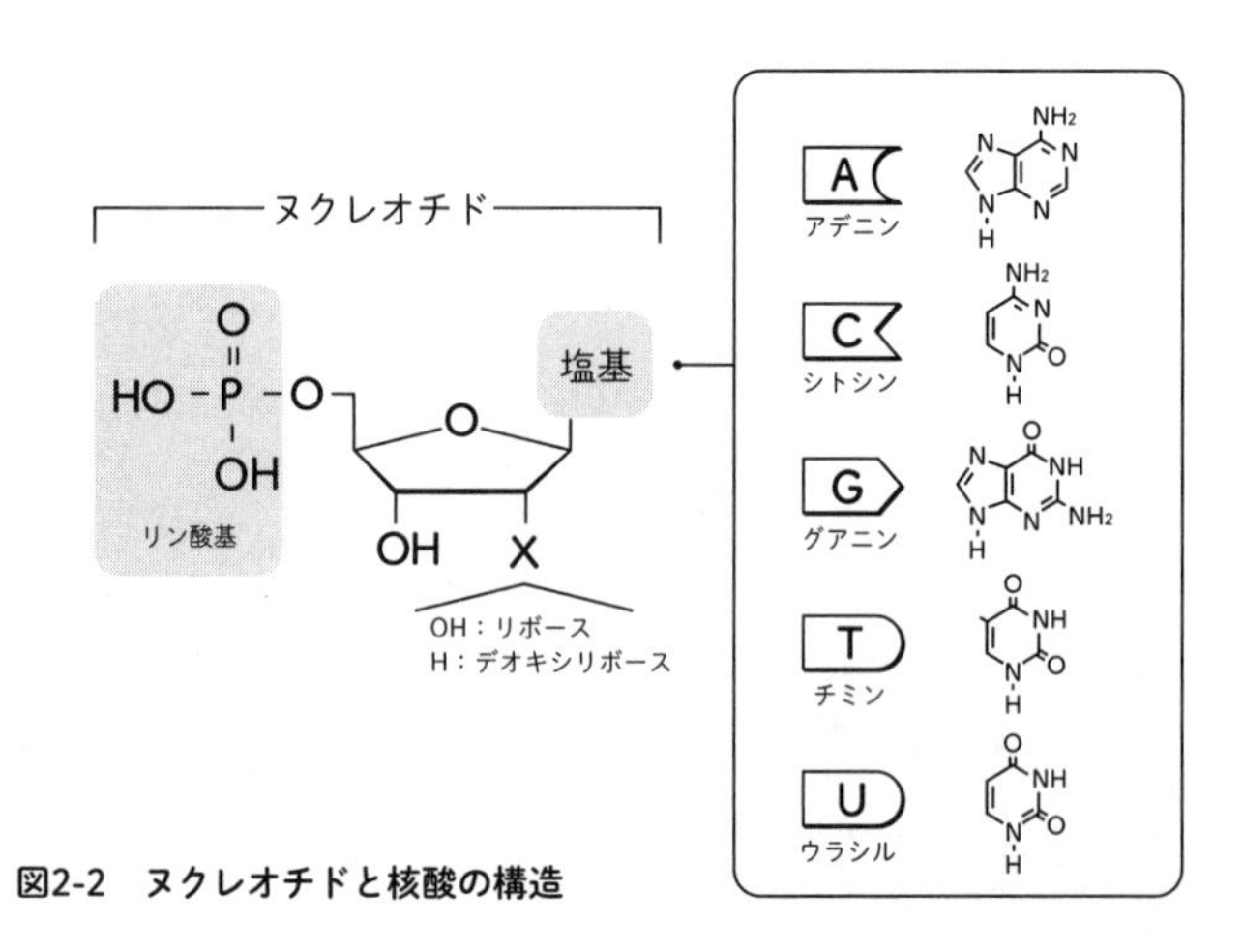

図2-2　ヌクレオチドと核酸の構造

この一次元情報の格納と読み出しの仕方は、今や骨董品となったカセットテープと同じである。CDは二次元面上に情報が刻まれているが、実際には一次元方向に書かれた情報を順々に読み出していくという点で、やはり一次元的である。近年、いたるところで見かけるようになった二次元コードはその点、二次元面に埋め込まれた情報を直接、二次元的に読み取っている。生命もまた、例えば生体の中の膜に埋め込まれた情報を二次元的に利用することは原理的にあり得るだろうが、少なくとも地球生命はそういう方法はとらなかったようである。

さて、このヌクレオチドなるものを詳しく見てみると、これは糖を中心にして、左右の腕に核酸塩基（たんに塩基と呼ばれることが多い）とリン酸基がくっついたものである（図2－2）。糖にもさまざまな種類があるが、核酸で用いられているのはリボースあるいはデオキシリボースと呼ばれるもので、前者がRNA、後者がDNAに対応する。「デ－オキシ」というのは「酸素を除いた」という意味で、デオキシリボースはリボースとほぼ同じ構造だが酸素原子が1つ少ない。

塩基は遺伝情報の核心を担う重要な部分で、地球生命はアデニン（A）、シトシン（C）、グアニン（G）、チミン（T）、ウラシル（U）という5種の塩基（カッコ内は略記号）を使っている（図2－2）。このうち、A、C、Gは、DNAとRNAで共通して用いられるが、TはDNAだけで使われ、UはRNAのみで使われる。つまり、DNAでもRNAでも4種の塩基（それぞれACGTとACGU）を用いていることになる。

多数のヌクレオチドが一列に連なった核酸の中で、一つ一つのヌクレオチドに入る塩基は任意に選べる。つまり、1つのヌクレオチドを原稿用紙の1文字分の空白とすれば、核酸は4種類の文字で書かれた文章である。コンピュータのデジタル情報の場合は、1つの情報単位（ビット）には0か1が入る。地球生命における核酸はその2倍にあたる、ビットあたり4つの文字を使っているといえる。この「言語」もまた、地球上のすべての生命体に共通である。

もう一つの成分であるリン酸基は、名前のとおりリン酸（リン原子Pのまわりに酸素原子が4つ結合したもの）が結合したものである。このリン酸基が核酸の中で果たしている役割は二つある。まずは図2－3を見てもらえばわかるように、多数のヌクレオチドを一列に結合させるその

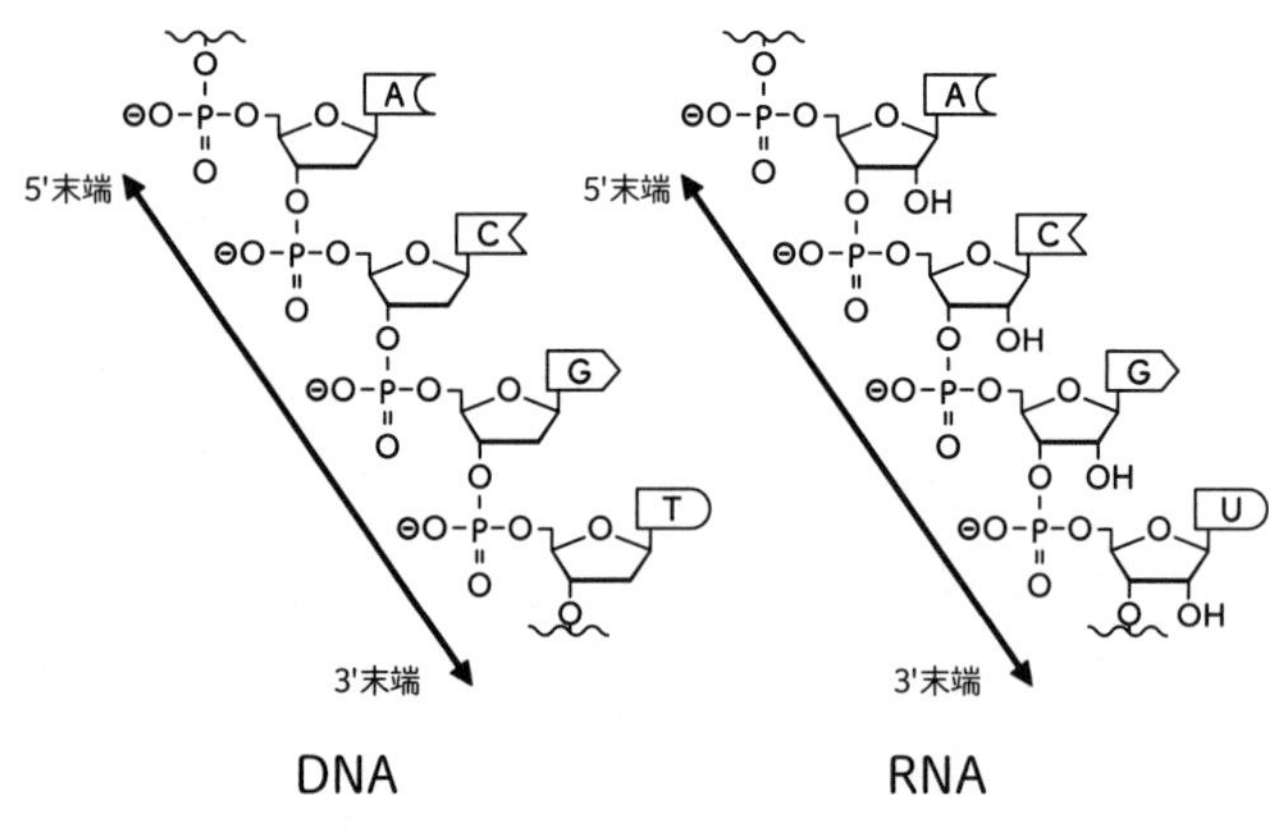

図2-3　ヌクレオチドの結合の様子

ジョイントがこのリン酸基なのである。もう一つの役割は生体内で用いられるエネルギーに関係している。核酸に含まれるリン酸基は1つのヌクレオチドに1つだけであるが、このリン酸基もいくつか連なることができる。この結合を高エネルギーリン酸結合と呼び、名前のとおり、これが連なった状態は高いエネルギーを蓄えた状態である。言い換えれば、リン酸基同士をくっつけるには外からエネルギーを与えてやる必要がある。

例えば塩基がＡ（アデニン）で、リン酸基が3つ連なったヌクレオチドはアデノシン三リン酸（ＡＴＰ）と呼ばれ（図2－4）、これはさまざまな生体反応におけるエネルギー源として広く使われている。我々動物の場合、大本のエネルギー源は我々が食した有機物を呼吸で取り込んだ酸素で燃やすことで得られるが、この大本の反応を、細胞の中でエネルギーを消費するときにそのつど行っていては効率が悪い。そこで、呼吸で発生させたエネルギーを使ってリン酸基同士を結合させてＡＴＰをつくり、そこにエネルギーを貯蔵する。そしていざエネルギーが必要とされるとき、例えば筋肉を収縮させるときに、ＡＴＰのリン酸結合を切る過程で生じるエネルギーを用いるわけである。つまりＡＴＰは生体内でエネルギーをやりとりする上でのチケットのようなものであり、「生体のエネルギー通貨」とも呼ばれている。

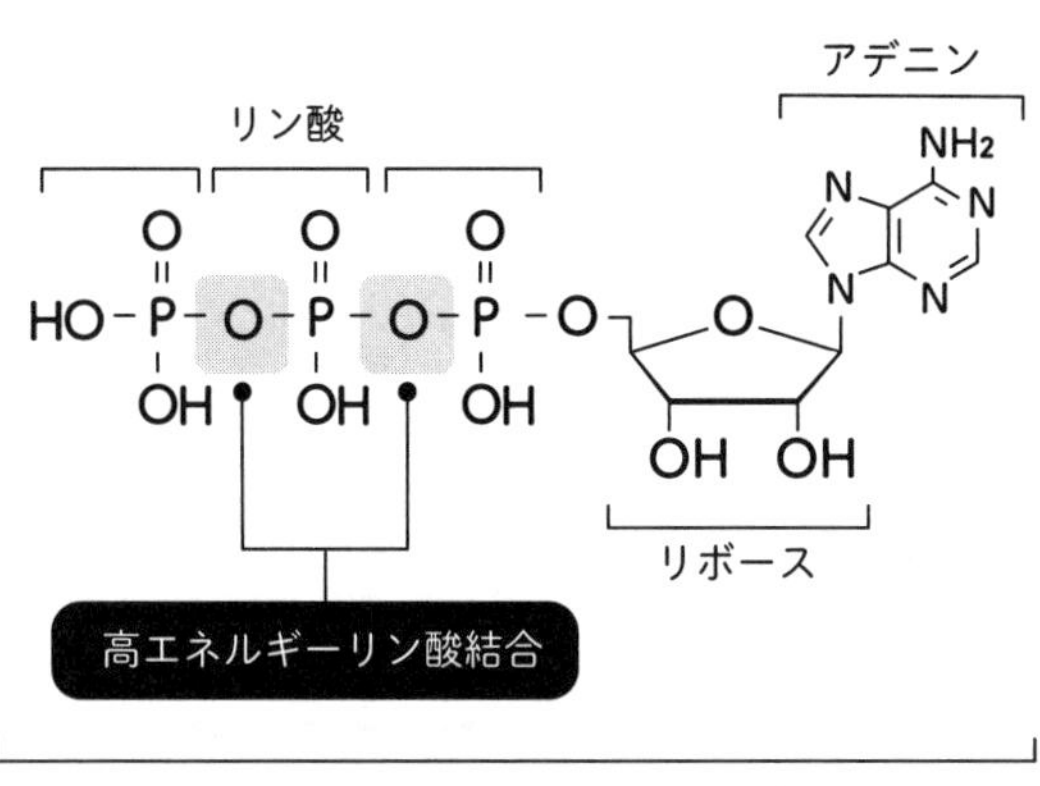

図2-4　アデノシン三リン酸（ATP）の構造

◆地球生命はなぜかみんな「左利き」

ここで生物中のタンパク質とＤＮＡの特筆すべき、そしてとても不思議な性質についてふれておこう。タンパク質を構成するアミノ酸の立体構造（図2-5）は、それを鏡に映したものとは重ならない。このような分子を光学異性体と呼び、互いに鏡像となっている2種類の分子をＤ型、Ｌ型と呼んで区別

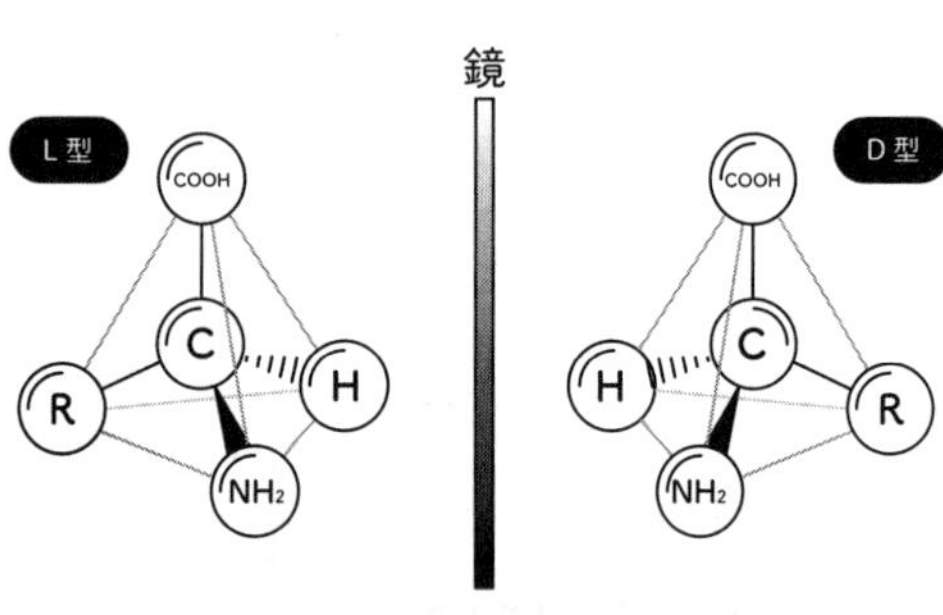

図2-5　D型、L型アミノ酸の立体構造

する。ちなみにLは「左巻き」という意味であるが、では右巻きを意味するのはなぜRではなくDなのか、と気になる人もいるかもしれない。これはdextro-（右）、levo-（左）というギリシャ語の接頭語が用いられているためである。

　両者の化学的性質はまったく同じであり、実験室で人工的にこのような分子をつくると、DとLがほぼ同数生じる。だが、地球生命のすべての種はことごとく、なぜかL型のアミノ酸のみを体内で用いているのである。そしてそのタンパク質の設計図であるDNAを構成するヌクレオチドの糖の部分もまた光学異性体になっていて、こちらは、地球生命ではもっぱらD型が用いられている。なぜこんな不思議なことになっているのか、これまでにさまざまな研究が行われているが、さっぱりわかっていない。そしてこれは最初の地球生命がどのように誕生したかという謎に、密接にかかわっていると思われる。

◆膜に包まれた小宇宙

私たちのような高度な生命体は、膨大な数の細胞からできた多細胞生物である。単細胞生物は1つの細胞からできた生物であるが、この細胞という単位もまた、すべての地球生命に共通のものである。そして細胞の最も基本的な性質は何か。それは膜に包まれて外界から明瞭に隔てられているということであろう。つまりはこの細胞膜もまた、地球生命にとってきわめて本質的な物質である。

生体膜はリン脂質という物質でできている。リン脂質の分子は両親媒性という性質を持っていて、1つの分子の中に、水になじみやすい親水基と水になじまない疎水基を併せ持っている。そのため水中にあると、図2-6のように、多数のリン脂質分子が二重の膜をつくり、外側に親水基、内側に疎水基を向けて並ぶ。両親媒性が自然に、膜という整然と組織だった二次元構造を可能にさせているのである。

この膜という二次元構造は、ヒモ状の一次元構造である核酸やタンパク質に比べて、一見、さらに高度な構造に思われるかもしれない。しかし単一のリン脂質分子がひたすら膜状に並んでいるだけで、含まれる情報量は大したものではない。DNAが膨大な情報を表現できるのは、鎖の中の一つ一つのヌクレオチドに4種類の塩基が自由に組み込めるからであり、生体膜はそのようなものではない。

そのほかに生体を構成する物質としては、エネルギーを生み出す燃料として使われる炭水化物

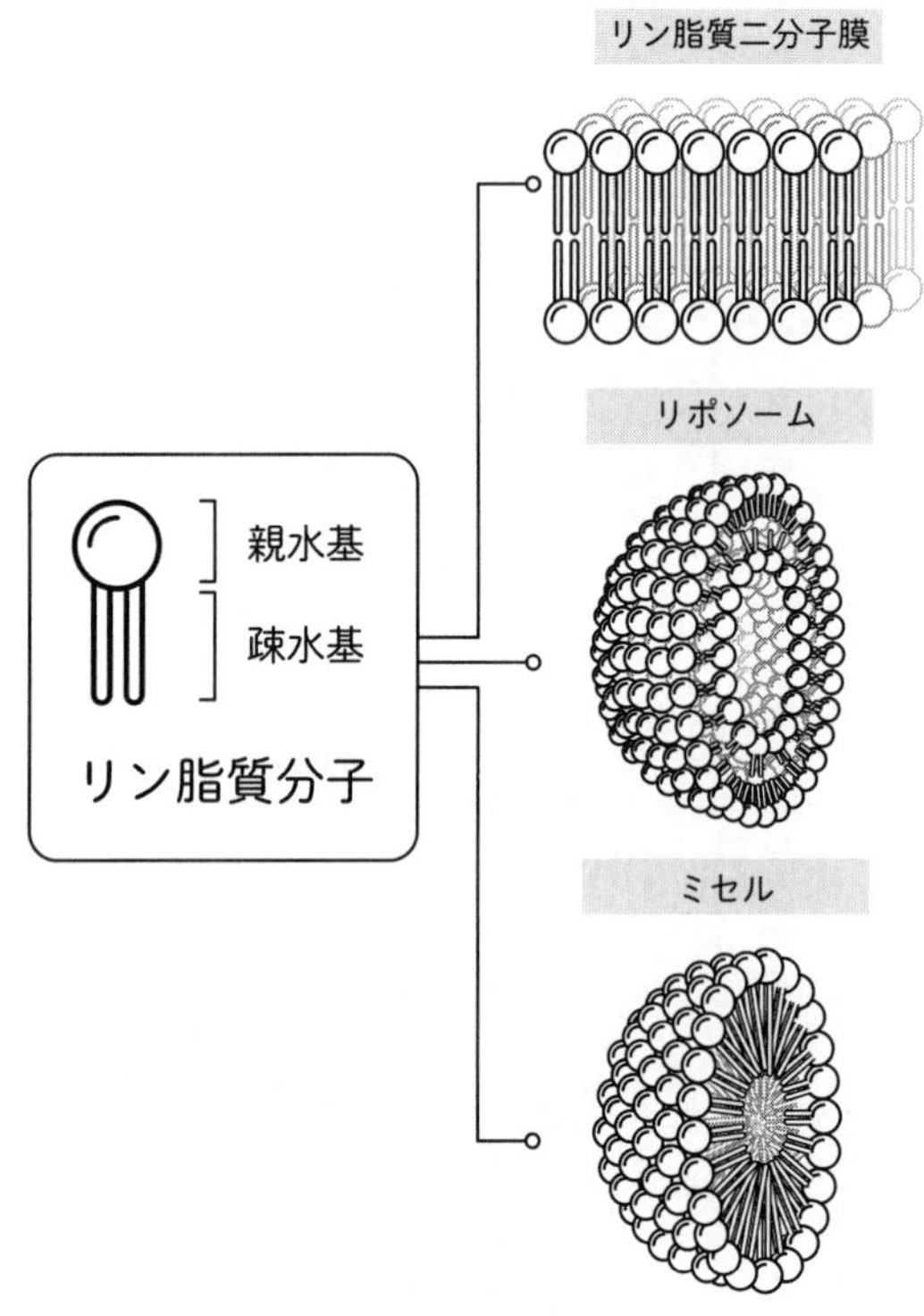

図2-6　生体膜の構造

や脂肪、それにさまざまな化学反応で補助的に必要となる無機塩類（いわゆるミネラル。ナトリウムやカルシウム、鉄などの金属イオンが水に溶けている）などがある。これらさまざまな生体物質の相対的な存在量を見てみると、動物細胞の場合、重量パーセントで70%を占める水を除けば、最も多いのがタンパク質（18%）、次いでリン脂質や脂肪などの脂質（5%）、炭水化物（2%）、核酸と無機塩類がそれぞれ1%ずつといったところである。

タンパク質は量から考えてもやはり生命体の主役といえそうだが、核酸はわずかに1%でしかない。だが生命の最も生命らしい性質である自己複製と遺伝は、この核酸によって実現されている。設計図である核酸と、それにもとづいて正確に製造されるタンパク質こそ、生命現象の本質をなす二大成分であり、細胞とは、それが膜に包まれた小宇宙であると理解してもよいだろう。炭水化物や脂肪、無機塩類などは、生命現象を発現させる上で補助的に必要な物質ということになる。

◆水こそ命の源

前に書いたように、生命体の中で最大の割合を占める物質はタンパク質ではなく、実は水である。細胞に必須である生体膜も、両親媒性という水に関する性質を利用して膜として存在できるのであった。この水もまた、すべての地球生命に必要不可欠なものであり、核酸やタンパク質、そしてそれらの活動も水の存在が大前提である。地球上の乾ききった場所にも生命は存在し、それらは一見、水がなくても生きているように思える。だが例外なく、水がまったくない環境では地球生命は活動できない。乾いた環境に進出した生命は、生命維持に必要な水を体内に蓄えられるように進化した結果であり、その点、酸素ボンベを持って宇宙空間に進出した人類と同じである（ちなみに酸素は、すべての生命にとって必要不可欠ではなく、酸素が猛毒となる生物もいる）。水はまた、生命の体に不可欠な有機物を、植物が光合成によってつくるための材料でもある。

では、地球生命が水という環境の中で生まれたのは必然だったのだろうか。地球生命が水を必要とするからといって、水を必要としないまったく別種の生命体の存在を否定することにはならない。宇宙のどこかには、水をまったく利用せずに生きる生命がいるかもしれない。地球生命にとって水という物質がどのような意味を持っているかを検討することで、この疑問に対する考察を深めることができよう。

まず、水というのは宇宙の中で豊富に存在する物質である。周知のとおり、水分子は1つの酸素原子に水素原子が2つ結合したものである。宇宙におけるさまざまな元素の存在量を見ると、まず最も軽い（すなわち周期表でトップの）元素である水素、次いで二番目に軽いヘリウムが多い。重量比で水素が71％、ヘリウムが27％と、この二つで98％を占めていて、これらはビッグバンで宇宙が誕生してから数分以内に、超高温の宇宙で生成されたものである。その他のより重い元素は、ずっと後で恒星の中で合成され、超新星爆発などでまき散らされたものだ。その中で最も多い（つまり全元素の中で三番目に多い）のが、酸素なのである（質量比で0・9％）。その意味で、水は宇宙の中でごく普通に存在する物質といってよい。だが一方で、水というのはきわめてユニークな特徴を持った珍しい物質でもあり、それがさまざまな生命活動を可能にさせている側面がある。

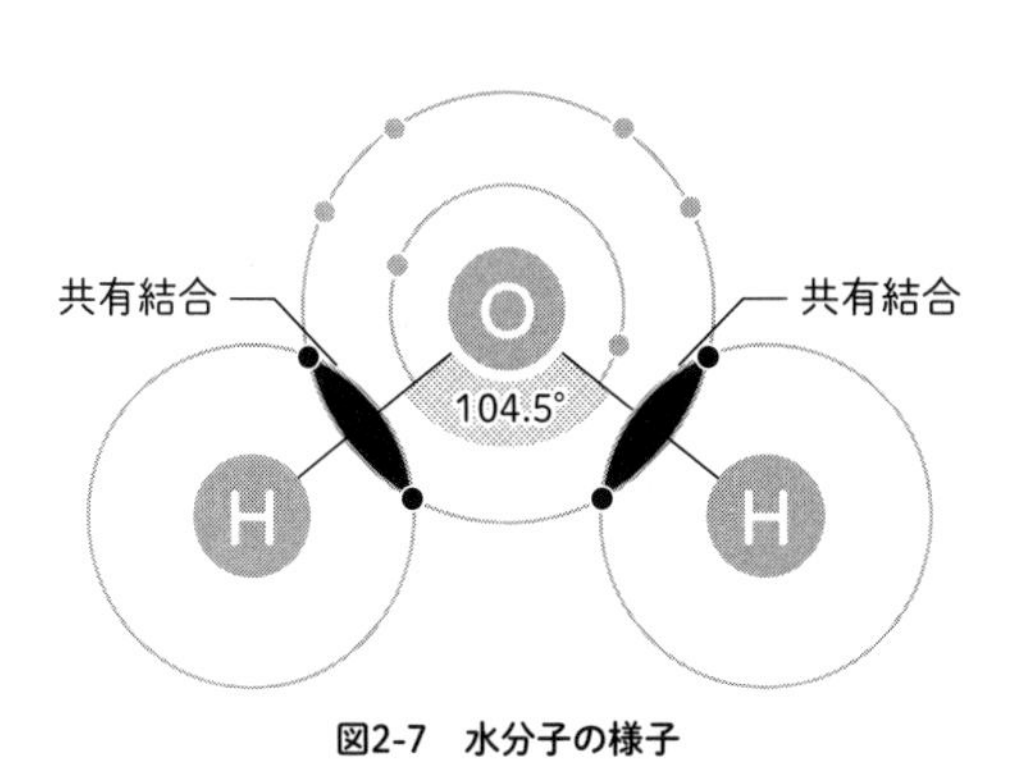

図2-7　水分子の様子

　水分子の構造は、1つの酸素原子に2つの水素原子が104・5度の角度で結合したものである（図2-7）。その結合は分子における原子の結合として一般的な「共有結合」で、2つの原子が電子を1つずつ差し出して、2つの原子で共有することで強い結合が生まれる。2つの電子がペアになることが量子力学的に安定だからである。すでに述べたタンパク質や核酸における原子の結合も、多くはこのタイプの結合である。

　そして酸素はさまざまな原子の中でも、電子を引きつける力が特に強い。そのため、共有結合の電子ペアは酸素のほうに引き寄せられ、水分子中の酸素原子の周囲はマイナスの電気を帯び、逆に水素原子はプラスの電気を帯びる。このように1つの分子の中に電気的な偏りがあることを極性と呼んでいるが、この極性こそ、水という物質を特別なものにしている張本人である。

水が液体の状態であるとき、水分子は周囲の水分子とぶつかりあいながらも流動している。その際、ある水分子のプラスの部分と隣の水分子のマイナスの部分が電気的に引き合う（水素結合と呼び、共有結合より弱い結合である）。このため水分子間には引力が働き、それが水分子の「動きにくさ」となる。

物質にエネルギーを与えると、分子の運動が活発になる、つまり温度が上がる。だが水の場合、同じエネルギーを与えてもこの「動きにくさ」のため、温度が上がりにくい。言い換えれば、温度を1度上げるために必要なエネルギー（比熱）が大きくなる。この性質は、地球生命にも大きな影響を与えている。環境の変化によって周囲の温度が急激に変わっても、水を主成分とする生物の温度は変化しづらいため、生命を安定して維持するのに適している。京都のような内陸の盆地に比べて、海洋沿岸部の都市の気温の変化が小さく、夏涼しく冬暖かいのと同じ理由である。

また、水分子が電気的な極性を持っているため、さまざまな金属などの原子がイオン状態になって水に溶けやすい。ナトリウム、カリウム、カルシウム、マグネシウム、鉄といった無機塩類

（ミネラル）はさまざまな化学反応を補助しており、生命に不可欠なものだが、それが水中に豊富に存在できるのも極性のおかげである。生体膜の構造を可能にさせているのはリン脂質の両親媒性であったが、これも水分子が強い極性を持つゆえに生じる性質である。

表面張力という言葉を聞いたことがある読者も多いと思うが、水は表面張力が強い。水分子の電気的極性に由来する引力のために、なるべく表面積を小さくして密に固まろうという力が生じる。それが表面張力であり、水滴が丸みを帯びた形になるのもこの力のためである。水と親和性が高い壁面を持つ容器に水を入れると、その壁を伝わって這い登ろうとする（毛細管現象）のも表面張力が原因である。つまり、植物が毛細管現象を使って水を吸い上げ、体全体に行き渡らせる上で、水の強い表面張力は本質的な役割を果たしている。

最後に、水と氷の体積についてふれねばならない。氷は水よりも密度が低い、つまり水を凍らせると体積が大きくなり、そのために氷は水に浮く。しかし、このような性質を持つ物質は実はきわめて稀である。普通は、固体のほうが液体でいる状態より密度が高いのである。水が液体でいるうちは、水分子は動き回り、極性による引力のために密度が高くなる。このとき、引力の効果を最大にしようとする結果、水分子の方向はバラバラになっている。だが温度を下げて最終的に氷になると、水分子が整然と並んで動かない状態となり、分子間の隙間がかえって大きくなり、体積が増えるのである。

これは生命にとってどのような意味を持っているだろうか。湖や海洋が凍ると、氷は水面に浮かぶ。水の密度がいちばん高いのは4℃の水であり、それがいちばん底にたまる。その結果、海底や湖底の温度は常に4℃に保たれ、水面の氷の下で生命の存続が可能となる。もし氷が液体の水より高密度であれば、氷は海底や湖底に沈んで埋め尽くし、その温度は氷点（0℃）をどんどん下回るであろう。海底や湖底に生きる生命が食物連鎖の重要な部分を担っているとすれば、ちょっとした気候変動で海水温が低下するだけで、生態系は破滅することになる。

このように考えてくると、地球生命が水の存在を大前提として生まれたことは実に必然であったと私には思えてくる。もちろん、だからといって水を必要としない、まったく別の環境で生きる生命体が宇宙のどこかに存在する可能性を否定することはできない。しかし、もしこの広い宇宙に多種多様な生命があちこちで発生しているとしても、水を利用する生命はそのなかでも多数派であろう。もしそうでなければ、我々は自分自身を、水を使わない生命体として発見する確率が高いからだ。我々が地球外生命を探すときでも、まずは水の存在を基本に考えることは、理にかなっているといえよう。

◆遺伝と発現のメカニズム

ここからは、地球生命の根幹をなすシステム、すなわちＤＮＡが世代を超えて遺伝していくこ

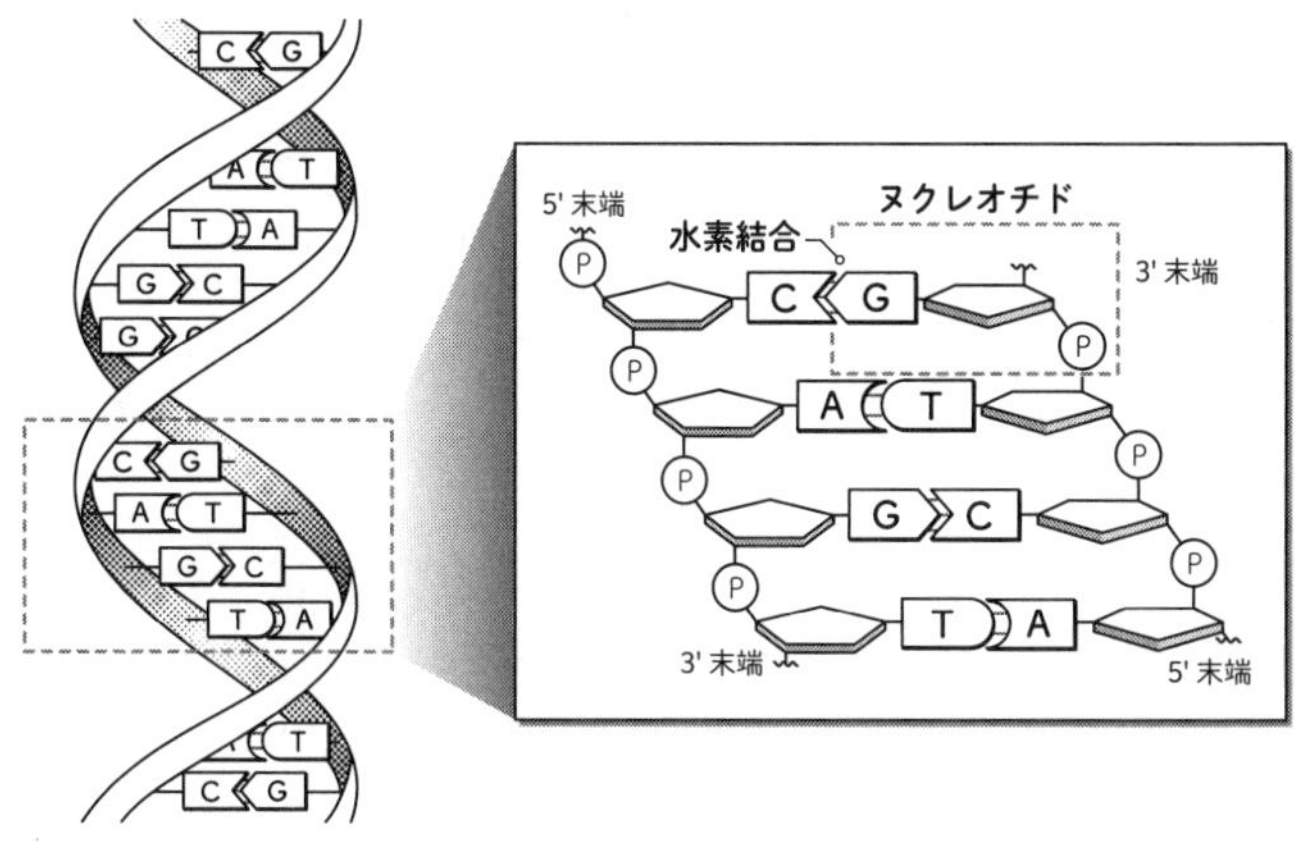

図2-8　DNAの二重らせん構造

とや、ＤＮＡを元にさまざまなタンパク質が作られるといったことがどのように起こっているのか、より具体的に見ていこう。

よく知られているように、ＤＮＡは２本が対になってらせん状の構造をとっている（図２－８）。

２本の鎖をつなぎとめているのは、ＤＮＡの遺伝情報を担う４種類の塩基が互いに結合したもので、これは水の性質のところでも説明した水素結合である。そして水素結合する塩基の組み合わせは必ずＡとＴ、およびＧとＣと決まっている。つまり片方の鎖の４ヌクレオチド分の配列がＡＣＧＴになっていれば、もう片方の配列はＴＧＣＡと一意に定まるので、ＤＮＡが２本あっても情報量としては１本分ということになる。

このペア構造が遺伝情報のコピー、すなわち細胞分裂の際のＤＮＡの正確な複製という重要な活動を可能にさせているのはタンパク質の酵素で、それを行っているのはタンパク質の酵素で、まずDNAの二重らせんをほどき、2本のDNAそれぞれに、やはりAとT、GとCの組み合わせでヌクレオチドを結合させていく。結果として生じるのは、同じ遺伝情報を持った2組の二重らせんDNAである。これが2つの細胞に分かれて細胞分裂が完了する。

多細胞生物においても、細胞分裂で正確にDNAが複製されるため、ある個体を構成するすべての細胞に、その生物の全遺伝情報が等しく保存されている。二重らせんDNAは複雑に巻き付いて、染色体として存在している。オスとメスから子供が生まれる有性生殖の生物の場合、染色体は父親と母親から1本ずつ受け継いだものがペアになっている。つまり我々の体内の一つ一つの細胞の中には、父親由来と母親由来で、合計2人分の遺伝情報が含まれていることになる。

では、そのDNAの遺伝情報とは具体的にはどのようなものであろうか。すでに述べたように、遺伝情報とはタンパク質の設計図に他ならない。タンパク質は20種類のアミノ酸を鎖状につなげてできるものであったから、どのアミノ酸をどういう順番でつなげるか、というのがDNAに書かれている遺伝情報となる。DNAの鎖の中の1つのヌクレオチドは、4種の塩基により4通りの情報を表現できる。しかしそれでは、20種類すべてのアミノ酸を指定することは不可能だ。2つのヌクレオチドの連なりでも、4×4＝16通りだからまだ足りない。3つの塩基の連なりでようやく4の3乗、つまり64通りの情報を表現できるので、余裕を持って20種類のアミノ酸を指定できる。

実際、生命のＤＮＡはそのような3ヌクレオチド分の「3文字単語」でアミノ酸を指定していて、3つの塩基の並びを「コドン」と呼ぶ。例えば、ＧＣＵというコドンはアラニンというアミノ酸を指定する。20種のアミノ酸に対しコドンの情報は64通りと多いため、複数のコドンが同じアミノ酸を指定することもある（例えばＧＣＣもやはりアラニンである）。必要な20種に対し64通りの情報システムを用いているのは、一見、無駄が多いようにも見える。一方で、塩基数すなわちビット数でいえば、必要最小限の3ビットですませているわけだから、効率の良い遺伝情報システムともいえる。

このような言語で遺伝情報が書かれたヒトのＤＮＡの長さは、約30億塩基対（ＤＮＡは2本ペアなので「対」をつける）である。つまり、Ａ、Ｃ、Ｇ、Ｔの4種の文字を使って書かれた30億字の文章である（父親・母親由来のＤＮＡを合わせれば60億）。この文章が表現できる情報量は「4の30億乗」という途方もない数字であるが、コンピュータが扱う情報量と比べたらどうであろうか。ＤＮＡは4種の文字に対し、コンピュータは0か1の2種の文字なので、ＤＮＡの情報量をコンピュータで扱おうと思うと2倍の文字数、つまり60億ビットが必要である。ハードディスクなどでよくお目にかかるデータ容量の単位は「バイト」だが、これは8ビットを1バイトと定義したものだ。つまりヒトのＤＮＡのデータ容量をバイトに直せば7億5０００万バイト（約

0・75ギガバイト）となる。けっこうなデータ量だが、最近のパソコンのストレージ容量に比べれば大したものではない。

遺伝情報は、この30億の「文字」を使って最初から最後まで意味的につながった小説のようになっているわけではない。ある種のタンパク質を指定するなど、ひとまとまりの情報を持ったDNA上の一部の領域を「遺伝子」と呼ぶ。ヒトのDNAの中には、ざっと約2万の遺伝子があるといわれている。ヒトの中で用いられているタンパク質の種類は10万といわれるから、遺伝子の中には複数のタンパク質を生み出すものもある。1つの遺伝子は短いもので1000、長いものでは100万の塩基対によって記述されている。そして実は、こうした「遺伝子」として意味のある情報を持っているDNAの領域は、30億塩基対のうち、わずか1～2％にすぎない。それ以外の部分はまったく役に立たないガラクタなのか、あるいは何か未知の役割があるのか、そのあたりはまだよくわかっていないようである。

ある性質を決める遺伝子は染色体の特定の場所に存在し、その位置を「遺伝子座」という。そしてその遺伝子にもとづいて、ある性質が実際に生物に現れることを「発現」と呼ぶ。染色体は父親由来、母親由来のペアで存在するから、ある性質を決める遺伝子座も2つあることになる。2つの遺伝子座に書かれた情報がまったく同じなら、もちろんその情報にもとづいて性質が決まるが、父親と母親で遺伝子情報（遺伝子型）が異なる場合もある。このとき、この性質は父親と母親の中間になるというわけではなく、どちらか一方の性質が発現することが多い。これが遺伝子における優性・劣性と呼ばれるもので、発現するほうの遺伝子型を優性というわけである。ただし、優性・劣性という言葉は誤解を招きやすいので、最近は顕性・潜性という言葉が推奨されているそうである。

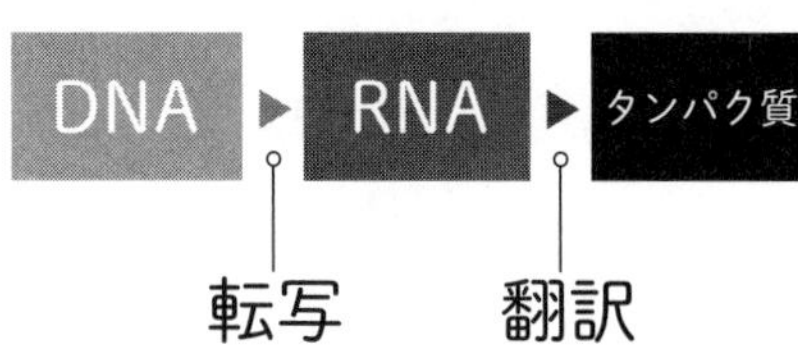

図2-9　DNAからタンパク質の合成

◆DNAの遺伝情報からタンパク質へ

DNAは、互いにコピーとなっている2本の鎖がペアを組んでいることを知れば、その性質を使ってさらに新たなコピーをつくるというのは、比較的、想像しやすい。だがDNAに書かれた遺伝情報を、その目的であるタンパク質の合成につなげるプロセスはどうなっているのだろうか。これはまことに巧妙な仕組みになっていて、こんなものがどうして自然界に生まれたのかと、感嘆せずにはいられない。生命というものに神秘を感じるのであれば、おそらく、その核心がここにあるのではないだろうか。

このDNAとタンパク質の間の橋渡しをするのがRNAと、そしてリボソームと呼ばれる細胞小器官である。まず、DNAに書き込まれた遺伝子

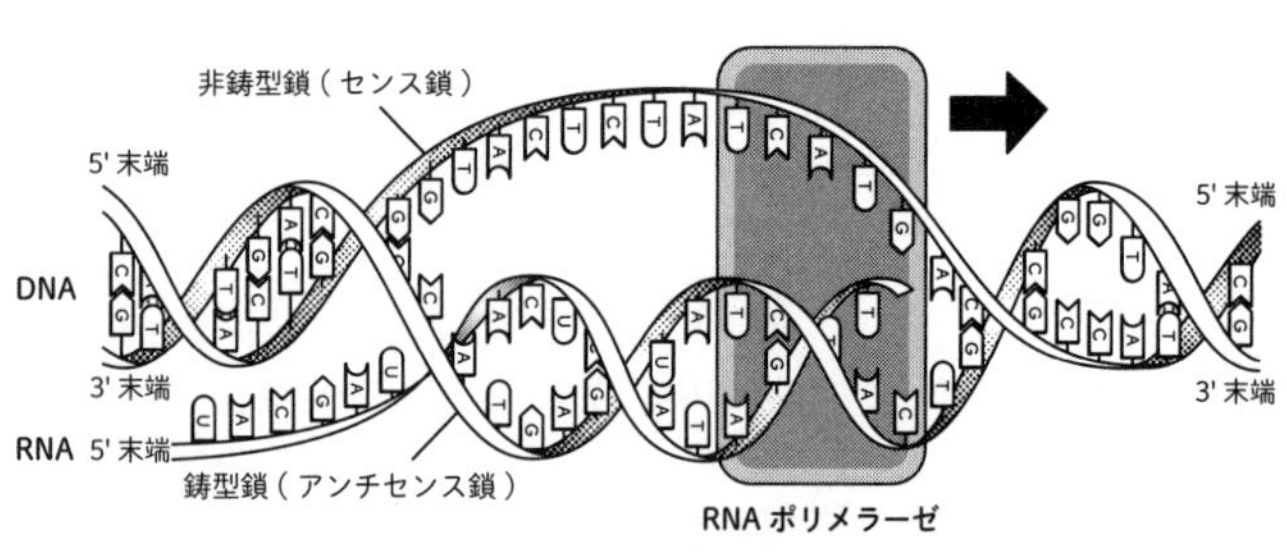

図2-10　mRNA による遺伝情報の転写

コードがＲＮＡに写し取られる（転写）。これはＤＮＡのすべての領域をまるごと写すのではなく、ＤＮＡ上に存在するそれぞれの遺伝子の領域の最初の部分にプロモーターと呼ばれる目印があり、そこにＲＮＡを合成するＲＮＡポリメラーゼという酵素が取りついて転写が始まる。そして転写されたＲＮＡ上の遺伝情報が、タンパク質に「翻訳」される（図２－９）。

ペアとなる２本のＤＮＡ鎖に書かれている塩基配列は、ＡとＴ、ＧとＣという対応があるので情報としては等価であるが、実際にタンパク質に翻訳される遺伝子情報は片方のＤＮＡのもので、もう片方はＡとＴ、ＧとＣが入れ替わった「鋳型」にすぎない。面白いことに、ペアのＤＮＡ鎖のうち、どちらかが必ず遺伝子情報でもう片方が鋳型、というわけではない。２本の鎖をａ、ｂとすると、ある遺伝子は鎖ａ、別の遺伝子は鎖ｂの方に遺伝子情報が書き込まれているといった具合である（図２－10）。

ＲＮＡポリメラーゼは鋳型の方に取りついて、鋳型の塩基に対応する塩基を結合させてＲＮＡを１つずつ伸長させる。その結果、ＤＮＡの遺伝子情報と同じ塩基配列（ただし、ＲＮＡなのでＴがＵに入れ替わったもの）を持つＲＮＡが合成される。これがメッセンジャーＲＮＡ（ｍＲＮＡ）と呼ばれるもので、それにもとづいてタンパク質が合成される。コンピュータに喩えるなら、ＤＮＡはそのコンピュータのすべてのデータを格納しているハードディスクで、ｍＲＮＡはコンピュータを稼働させる上でそのとき必要なデータを一時的に格納するメモリのようなものであろうか。

なお、ＤＮＡ上のすべての遺伝子が常に転写されるわけでもない。すべての生命に共通する重要な物質（例えばエネルギー通貨であるＡＴＰなど）の合成にかかわる酵素など、生命維持に必須の遺伝子は常に転写される。一方、多細胞生物の細胞は体の器官や組織ごとにさまざまに分化して異なるものになっており、そこで使われるタンパク質もさまざまに異なる。分化した細胞では、その細胞で必要なタンパク質に関係した遺伝子だけに転写のスイッチが入るように調節されている。実に精巧なシステムである。

さて、タンパク質として結合されるアミノ酸の方にも準備が必要である。まず、ｍＲＮＡの遺伝情報を識別できるようにする必要がある。ここで登場するのがもう一つ別のタイプのＲＮＡである「トランスファーＲＮＡ（ｔＲＮＡ）」で、アミノ酸の運搬（トランスファー）を担う。ｔＲＮＡは塩基数が70～90の短いＲＮＡであるが、一方の端には3塩基からなる腕を持ち、もう一方の端にはアミノ酸が結合できる。この3塩基とアミノ酸の対応は、ＤＮＡの塩基配列と20種の

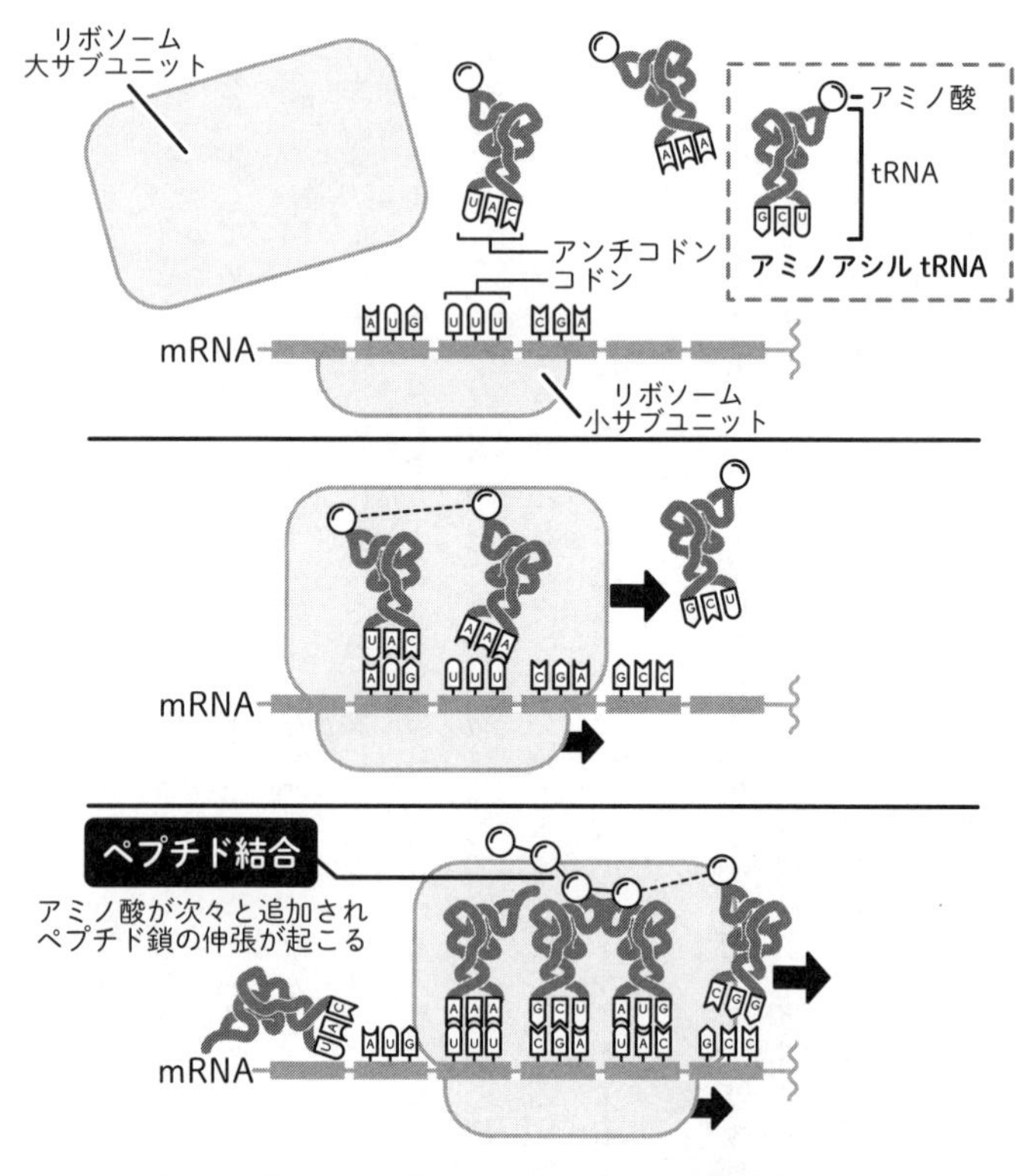

図2-11　リボソームによるタンパク質合成

アミノ酸の対応（コドン表）と本質的に同じである（ただしRNAなのでTがUに替わり、また、遺伝情報と相補的な「鋳型」になっている）。つまりｔＲＮＡこそ、ＤＮＡとタンパク質の間の遺伝コードを化学物質として体現するものである。ｔＲＮＡとアミノ酸が結合した分子は「アミノアシルｔＲＮＡ」と呼ばれる。

ｍＲＮＡの周囲にアミノアシルｔＲＮＡが豊富に漂っている状態で、タンパク質合成が可能となる。その工場となるのが、細胞小器官リボソームである。リボソームはｍＲＮＡに取りつき、その上を移動していく。そしてその場所の3塩基からなるコドン情報と相補的なアミノアシルｔＲＮＡを結合させると、ｔＲＮＡのもう片方の腕に結合したアミノ酸が、合成中のタンパク質にペプチド結合することで、タンパク質の鎖がアミノ酸1つ分だけ延びる（図2－11）。その後、ｔＲＮＡはタンパク質からもｍＲＮＡからも切り離されて役目を終える。

こうして、元のＤＮＡの遺伝情報から正確に、コドン表で指定されたアミノ酸が一本鎖で結合されてタンパク質が合成される。このＤＮＡ→ＲＮＡ→タンパク質という合成システムはすべての地球生命に共通しており、「セントラル・ドグマ」と呼ばれている。生命科学における最も根源的で崇高な教義といったところであろう。

◆物理学的に見たDNAやタンパク質の合成 ～エントロピー増大則とどう整合するのか？

本章の最後に、これら生命活動の根幹をなす現象を物理学の観点からあらためて見直してみることにしたい。ＤＮＡもタンパク質も一本の鎖であり、その鎖をつなげていくには外からエネルギーを与えることが必要である。外からエネルギーが与えられて、バラバラだったアミノ酸やヌクレオチドが、秩序を持った一本鎖に組み上がるというのは、やはり熱力学的には奇異に感じる。普通は、例えば陽子と電子が結合した水素原子でも、酸素原子と水素原子が結合した水分子でも、バラバラなものが結合する場合はそれらの間に引力が働き、余分なエネルギーが生じてそれを外に捨てるものである。地上で重力に任せて物を落とせば、引力によって物体の運動エネルギーが生じることを思い起こせばいい。物が地面に激突すれば、運動エネルギーは熱エネルギーに転化し、それは周囲に散逸してしまう。これがエントロピーの増大で、この逆は自然には起こらない。ところがＤＮＡやタンパク質の合成はその逆で、結合する際にエネルギーを吸うのである。この一見、自然法則とは逆に見える反応が起こる秘訣は何なのか。

前章で述べたとおり、その秘訣は、局所的にはエントロピーが減少しているように見えても、より大局的に見てエントロピーが増大していれば、熱力学の法則に反しないということである。

とはいえ、この説明では抽象的すぎて納得できない向きもあろう。そこで具体的に、DNAやタンパク質の合成反応を吟味しつつ、どうして全体としてはエントロピーが増大しているといえるのか、を見ていきたい。

エアコンで冷却する例を思い出すと、局所的にエントロピーが減少して冷却が起こる秘訣は、全体として見れば外からエネルギーが供給され、そのエネルギーが最終的には外界に散逸することであった。この、「外界に散逸」する過程によりエントロピーが増大し、逆方向、つまり外に散らばってしまった熱エネルギーが自然にエアコンに戻ってくるようなことは起こらない。

DNAの複製の過程でも、本質的に同じことが起きている。ヌクレオチドを結合してDNAの一本鎖にするには外からのエネルギーが必要で、そのエネルギー源はヌクレオチドについている高エネルギーリン酸結合である。DNAとして結合する前の個体のヌクレオチドは、3つのリン酸がつながったもの（ヌクレオシド三リン酸）である。塩基がAのものがまさにATP、つまり生物のエネルギー通貨だ。この、リン酸が連なった部分にエネルギーがたっぷりと蓄えられている。そしてDNA合成酵素によって、作製中のDNAにヌクレオチドが結合される際に、このうち2つのリン酸がとれて、DNA中のヌクレオチドのリン酸は1つだけになる。このリン酸結合が切断される際に大きなエネルギーが解放され、ヌクレオチドの結合に使われる。そして2つのリン酸が連なったリン酸基は周囲に捨てられる。

この、リン酸基が周囲に放出される過程が実に重要である。リン酸結合の切断で解放されたエネルギーはヌクレオチドの結合だけでなく、捨てられたリン酸基にも運動エネルギーとして与えられ、それはすぐに周囲の分子と相互作用する過程で散逸してしまうであろう。これこそ、バラバラのヌクレオチドが一本鎖につながるという、エントロピーが減少して見えるような反応が進行するからくりである。

本当にエントロピーが増大しているかどうかを吟味するには、その反応の逆の過程が起こりうるか、を考えればよい。捨てられたリン酸基の運動エネルギーが散逸する前ならば、そのエネルギーを保持したリン酸基をDNAにぶつけて、ヌクレオチドを切り離し、3つのリン酸が結合した元の単体ヌクレオチドに戻す反応が可能である。だが実際は、DNAの周囲にあるリン酸基は、捨てられたときに持っていたエネルギーをすぐに周囲に散逸してしまっており、この逆反応を引き起こすためのエネルギーを獲得する手段がない。このためDNAを分解する方向の反応は起こらず、一方、リン酸が3つ結合したヌクレオチドさえ豊富にあれば、リン酸結合のエネルギーを使ってDNAの合成反応はどんどん進むことになる。リン酸結合に蓄えられたエネルギーが、一部はDNAの合成に使われるが、残りは外界に捨てられて散逸していることが、DNA合成を推し進める駆動力なのである。

タンパク質の合成でも同様である。アミノ酸を結合してタンパク質をつくるためにはまず、アミノ酸とｔＲＮＡを結合し、アミノアシルｔＲＮＡとして「活性化」させる必要があった。この際に、エネルギー通貨ＡＴＰが用いられる。つまり、アミノアシルｔＲＮＡはエネルギーを豊富に蓄えた状態である。リボソームでは、これをｔＲＮＡとアミノ酸に分解する際に解放されるエネルギーを用いて、アミノ酸を合成中のタンパク質に結合させる。同時に、不要となったｔＲＮＡは捨てられる。アミノアシルｔＲＮＡのエネルギーの一部が、捨てられたｔＲＮＡを通じて周囲に散逸することこそ、反応をタンパク質の分解ではなく合成の方向に進める原動力であることは、もう読者にはおわかりであろう。

ではヽヌクレオチドのリン酸結合やアミノアシルｔＲＮＡに蓄えられたエネルギーはどこからくるのか。それは大元をたどれば、生体の外から供給されたエネルギー（植物なら光合成のための光、動物なら捕食した生物の有機物）である。一見、エントロピーが減少するかのように見えるＤＮＡやタンパク質の合成こそ、生命の秩序や構造を生み出す根源の力であるが、それはあくまで、物理学の法則に違うことなく粛々と反応が進んでいるのである。

第三章

多様な地球生命とその進化史

◆宇宙における私たち人間の位置づけ

目に見えない単細胞の細菌や微生物から、カビやキノコなどの菌類、植物、昆虫などの節足動物、そして私たちを含む脊椎動物など、地球上には目もくらむほど多種多様な生物が生息している。だが、それらはすべて、共通の遺伝子コード（タンパク質をつくるためのDNAコドン）を利用しており、元をたどればたった1つの共通祖先である生命体から進化・分化してきたと考えられていることはすでに述べた。

本書の主題は、その最初の生命が非生命的なプロセスからどのように誕生したのか？　である。しかし序章で述べたように、宇宙における生命誕生の確率を観測事実にもとづいて考察する際には、その考察をしている人間がこの世界に存在しているという条件まで考慮する必要がある。また、より一般に「生命とは何か」を理解しようとするなら、やはり原始生命から現在の地球生命圏までの進化をひととおり押さえる必要もあろう。そして、生命の起源や発生確率に迫る上できわめて重要なのが地球外生命の探査である。さまざまな種の生命が地球の歴史上でどのように繁栄してきたかを知れば、そうした探査を計画する上での貴重なガイドラインとなる。

　というわけで、最初の生命がどのように生まれたのかという謎に取り組む前に、原始生命誕生から人間が登場するまでの生物進化についてわかっていることをまとめておこう。

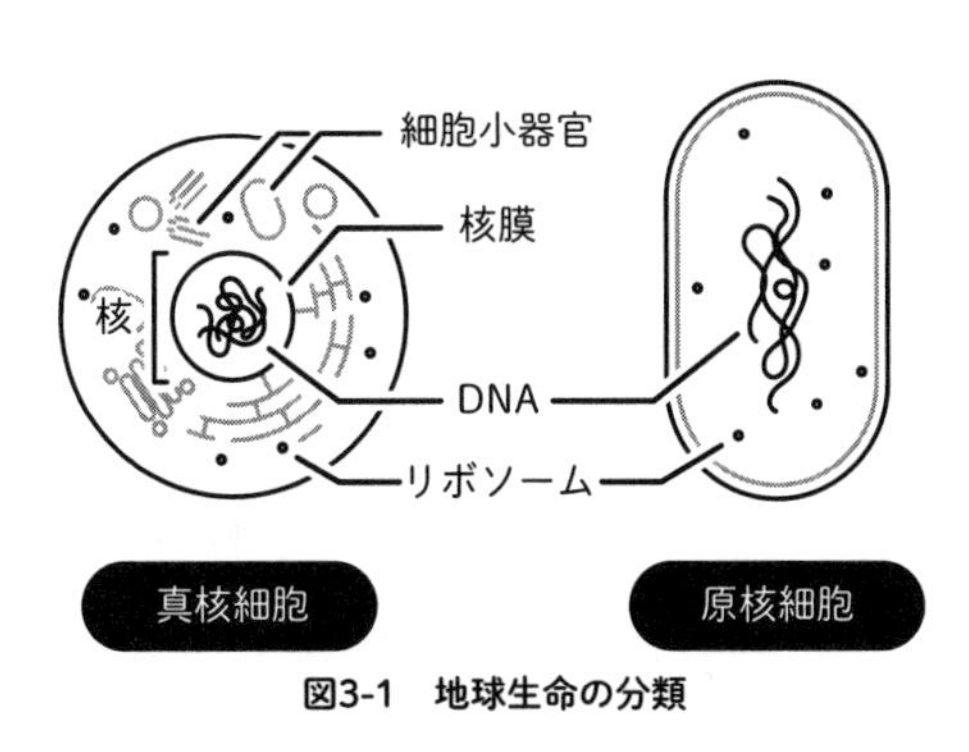

図3-1　地球生命の分類

◆地球生命の分類

　地球生命にはさまざまな階層において複雑な分類が存在するが、その最も根源的な分類といえば、真核生物か原核生物か、という2つのグループへの分類であろう（図3－1）。すべての生物種は例外なく、このどちらかに分類される。

　真核生物とは、多くの方が教科書などで見覚えがあると思うが、細胞の中に明確な核がある、すなわち細胞の中にさらに細かい構造（細胞小器官）を持っている生物である。真核生物のDNAはこの核の中に格納されている。核のほかにも、酸素呼吸によってエネルギーを生み出すミトコンドリアや、植物の細胞において光合成を担う葉緑体などの細胞小器官がある。

一方の原核生物はより原始的な生物で、その細胞、つまり原核細胞は核などの細胞小器官を持たないシンプルな構造をしている。核がないので、DNAは細胞膜で包まれた細胞質の中に広く漂っている。原核細胞の大きさは1～10マイクロメートル（100万分の1メートル）ほどで、真核細胞（10～100マイクロメートル）に比べてかなり小さく、真核細胞の中の細胞小器官の大きさに近い。そして原核生物は例外なく単細胞生物であるのに対し、真核生物のなかには単細胞生物も多細胞生物もいる。つまり我々にとって身近な、動物や植物などの複雑な生物はすべて真核生物である。

原核生物の代表例は細菌である。例えば大腸菌やコレラ菌は、有機物を取り入れて酸素呼吸をする好気性細菌である。発酵食品でおなじみの乳酸菌や納豆菌も細菌である。ちなみに発酵（英語では fermentation）という言葉には2つの異なる定義が存在する。生化学での発酵とは、酸素を使う呼吸とは異なり、酸素を使わずに有機物を分解してエネルギーを得る過程を指す。一方、食品加工の分野での発酵は、酸素を使う場合も含めて、微生物がある食品に行う働きのうち、人間にとって有益な変化をもたらすものを意味する。嫌気性の乳酸菌はどちらの定義でも発酵を行うといえるが、好気性の納豆菌は後者の定義のみ該当することになる。

これらの細菌は従属栄養生物、つまり動物と同じで、他の生物が合成した有機物を摂取することでエネルギーを得ている生物である。一方、植物のように光合成を行い、光エネルギーと二酸化炭素から有機物を自力で合成する独立栄養生物の細菌もいる。特にシアノバクテリアという細菌は、植物と同じ色素（クロロフィル）で光合成を行っている。また、独立栄養生物であるが、光ではなく化学反応で生じるエネルギーを使って有機物を合成する化学合成細菌（硝酸菌、硫黄細菌など）も存在する。

原核生物には、これらさまざまな細菌に加えて、もう一つ別のグループである古細菌というものがある。古細菌は細胞膜の脂質が細菌や真核生物のものと異なっていて、太古の昔、地球生命が誕生してほどなく、細菌や真核生物から分化したものらしい。古細菌は極限的な環境で生きるものが多く、非常に高温の環境で生きる超好熱菌や、酸素のない嫌気的な環境でメタンを生成しながら代謝しているメタン生成菌などがある。原核生物は細菌（古細菌と区別を明確にする際は真正細菌とも呼ばれる）と古細菌の2つに分かれ、この2つに真核生物を加えた3つのドメインを生物の最も基本的な分類とするのが、現在主流の3ドメイン説である（図3－2）。

さて真核生物に目を移すと、これがまた多彩である。我々が生物と聞いてまず思い浮かべる動物や植物はすべてここに含まれる。カビやキノコといった菌類（原核生物である細菌と区別するために、真菌類と呼ぶこともある）もここに入る。そして動物界、植物界、菌界のいずれにも属さない原生生物というカテゴリもあり、原始的な単細胞生物であるアメーバやミドリムシがここに含まれる。もちろん、動物界（原生生物のなかの動物的なものと区別するため、後生動物と呼

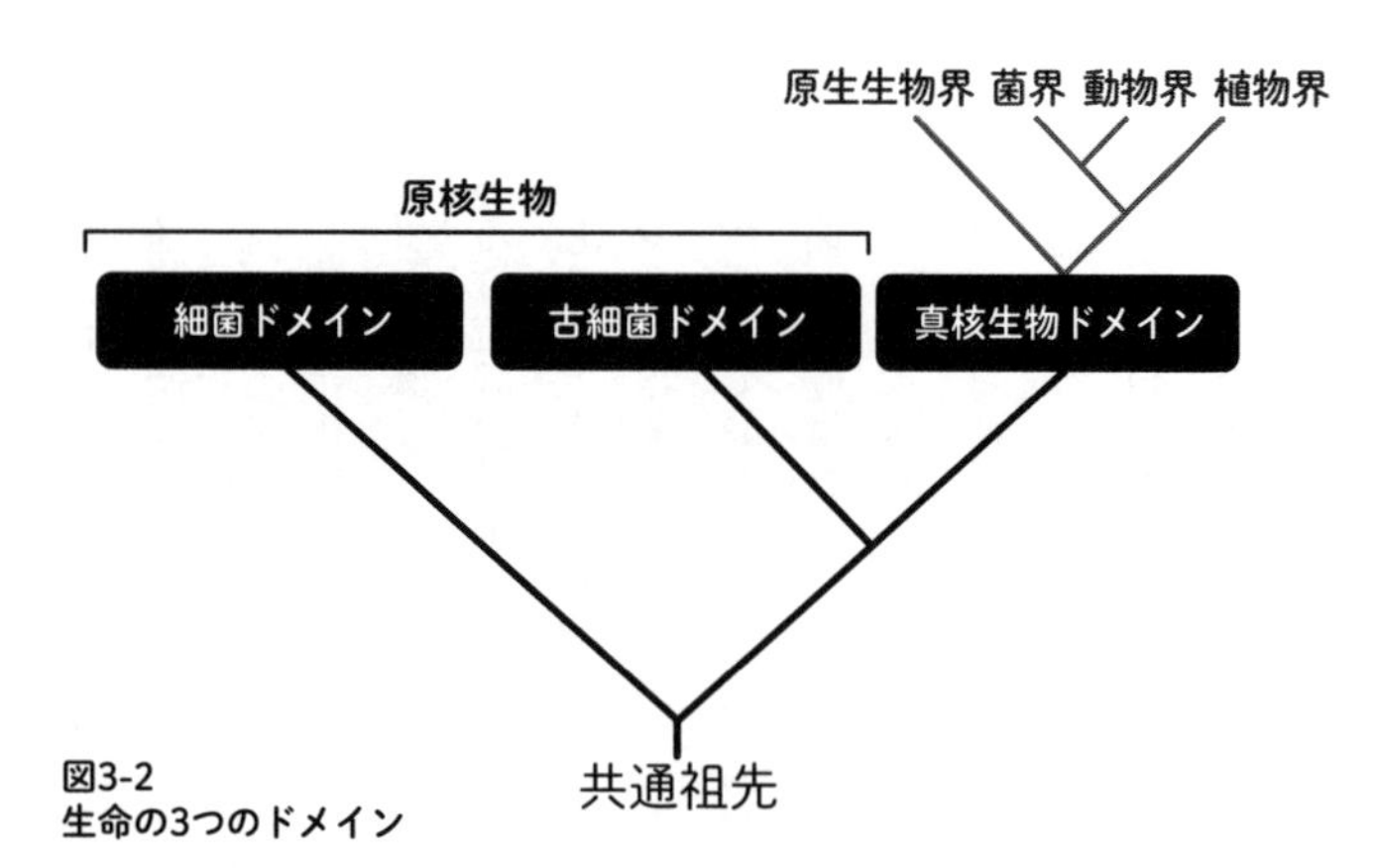

図3-2
生命の3つのドメイン

ばれることもある）にはクラゲやサンゴなどの刺胞動物、ミミズなどの環形動物、ウニやヒトデなどの棘皮動物、イカやタコ、ナメクジや貝類といった軟体動物、エビやカニなどの甲殻類や昆虫が含まれる節足動物、そして魚から始まり我々にまで進化してきた脊椎動物、これらすべてが含まれる。

このさまざまな地球の生物種は、どれくらいの分量で地球に存在しているのであろうか？　現在の全地球生物の総質量は、生体内の水分も含めた総量でざっと4兆トンといわれる（生体内の炭素だけを数える見積もり方もあり、それだと5500億トンほどである）。この4兆トンというのは、地球質量の15億分の1ほどであり、地球の全海水の質量の30万分の1ほどになる。

その内訳で見ると植物が最も多く、82％を占めている。次に多いのが細菌の12％で、菌類の2・1％、古細菌の1・3％、原生生物の0・73％と続く。我々が含まれる動物はそのすべてを合わせても、全生物のわずか0・36％を占めるにすぎない。そして人類はその動物の中でおよそ3％である。ちなみに、動物の中で最も多いのは節足動物で、60％を占めている。

◆生命の進化系統樹

このように、いまの地球には多種多様な生命が繁栄しているわけだが、「生命の起源」をテーマとする本書としてはむしろ、多様な生命の持つ共通性や起源に目を向けなければならない。さまざまな地球生命は、一見、互いにまったく独立な起源を持つ無関係な生命種族の集合とも考えてしまいがちである。だがすでに述べたように、これらすべての地球生命はまったく同じDNAの遺伝子コードを使い、同じメカニズムでDNAからタンパク質を作り出している。それゆえに、すべての地球生命はたった1つの共通の祖先細胞から進化してきたと考えられているのだ。

その考えはさらに詳細な研究によって補強されている。生命が進化し、種が分化していく過程で、DNAの遺伝子情報は少しずつ変わっていく。したがって、比較的最近に分化した生物種（例えばヒトとチンパンジー）は、それだけ似た遺伝子情報を持っている一方、遠い昔に分化した種（例えばヒトと古細菌）は遺伝子情報も大きく異なる。さまざまな生物種の遺伝情報を比較していけば、どの生物種が近縁で、より最近に進化の枝分かれをしたかを推定することができ

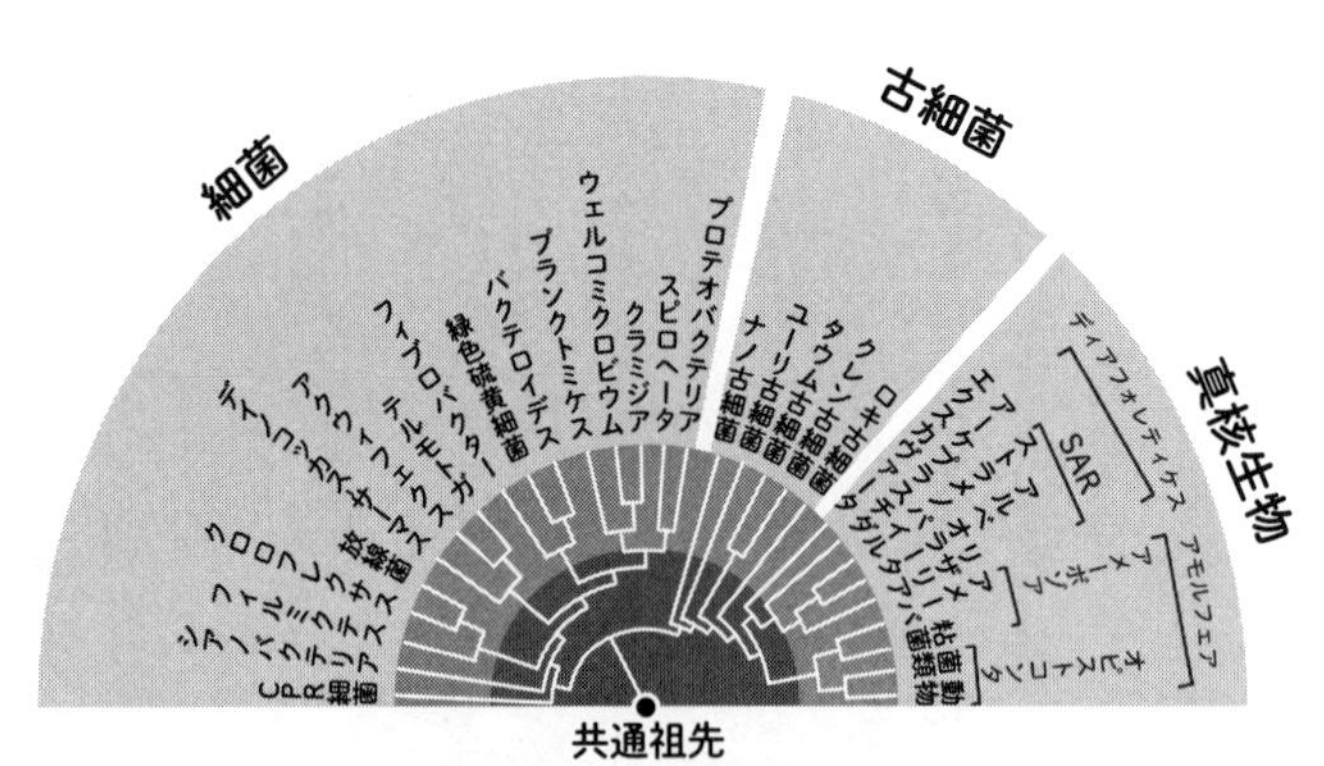

図3-3　地球生命の進化の系統樹

る。このようにして、生物種がどう枝分かれしてきたかを図にしたのが進化系統樹と呼ばれるものである。図3-3に示したとおり、こうした研究からも、すべての生物種は共通の原始生命から進化してきたことが強く示唆される。もちろん、化石による古生物の研究などとも整合的である。

この進化系統樹によると、最初の生命すなわち共通祖先から始まった進化はまず、真正細菌が枝分かれした。続いて、真正細菌ではないほうのグループが古細菌と真核生物に枝分かれした。我々にとって、真正細菌よりは古細菌のほうが近縁ということである。そして真核生物は植物を含むグループとアモルフェアと呼ばれるグループに分かれた。このアモルフェアはさらに、アメーバなどを含むグループとオピストコンタと呼ばれるグループに分かれ、さらにそのオピストコンタが動物と菌類に分かれたとされる。つまり面白いことに、動物、植物、それにカビやキノコなどの菌類という多細胞生物の3大グループを考えたとき、植物と菌類よりも、むしろ我々と菌類のほうが近縁ということになる。

◆さまざまな生物のゲノムの大きさ

ヒトの遺伝情報の総体、つまりゲノムの量は約30億塩基対であったが、地球生命のさまざまな種はゲノムサイズの観点からはどのようになっているのであろうか。細胞内に核や小器官といった複雑な構造を持つ真核生物は、ゲノムサイズもやはり原核生物に比べて大きい。例えば動物のマウスや植物のトウモロコシは、ヒトとほぼ同じゲノムサイズを持つ。しかし真核生物のなかで、人間や脊椎動物が、アメーバなどの原始的な真核生物に比べてゲノムサイズが大きいか、というと実はそうでもないようである。なんと、全生物種のなかで最大のゲノムを持つのはポリカオス・ドゥビウムというアメーバの一種だという！　そのゲノムサイズは７０００億塩基対、実にヒトの２００倍である。ただし、ヒトのＤＮＡの全配列のうち、遺伝子として意味があるのは1～2%というから、ポリカオス・ドゥビウムのＤＮＡも進化の過程で何らかの理由により無駄に長くなっただけで、意味のある遺伝情報としてはそこまで大きくないのかもしれない。

生命の起源に迫るという観点からは、むしろ、最小のゲノムサイズを持つ生物のほうが興味深い。真核生物で最小のゲノムサイズを持つのは微胞子虫と呼ばれる単細胞生物の一種で、約

200万塩基対、ヒトの1000分の1以下である。一方、細菌と古細菌からなる原核生物では、最大のゲノムサイズは約1000万塩基対、最小は10万塩基対ほどになっている。ちなみにこの10万塩基対の中に含まれる遺伝子の数は100程度であり、30億塩基対の中に約2万の遺伝子というヒトに比べると、DNAの総塩基数に対する遺伝子数の割合が高くなっている。これを見ても、進化の過程で高等生物が長いDNAを獲得するなかで、無駄な部分も多く含まれるようになっているのであろう。

したがって、全地球生命のなかで最もゲノムサイズが小さい生物でも、4種の文字で10万字の文章に相当する遺伝情報を保持していることになる（ちなみに、あなたが今、手にとっている書物の字数がだいたい10万字である）。最初に誕生した地球生命も同じくらいのゲノムサイズと想定すると、非生物的な化学反応からいきなりこのレベルの生命体が誕生するというのは考えにくい。だが、「生命」と呼べるものではなくとも、もっと小さな遺伝情報で生物的な活動を示すものは存在する。

その代表的な例にウイルスがある。すでに述べたように、ウイルスはウイルスのみから子孫を生み出すことができないため、生命とはみなされないのが普通である。だがDNAやRNAに格納された遺伝情報を持っていて、他の生物に取りつき、その宿主の生物物質を借用して自分の複製をつくりだす。自己複製に必要な物質を自分で用意する必要がない分、ウイルスに必要な遺伝情報もまた少なくてよい。実際、ウイルスのゲノムサイズは最大でも100万塩基対、最小のウイルスに至ってはわずかに1000塩基対ほどしかない。

そうなると、本書のテーマである生命の起源について、「ウイルスこそ最初の生命細胞と非生物の間をつなぐカギなのではないか？」と考えてみたくなる。実際、そういう議論や考えはあるようだが、私が調べたかぎりでは、あまり主流ではないらしい。最初の生命細胞が誕生する前にウイルスの時代があったと考えると、すぐに一つの困難にあたる。ウイルスはその定義により、自分たちだけで子孫をつくることができず、他の生物への寄生が必要である。その寄生すべき生物がいない環境でウイルスだけが存在しても、子孫をつくり進化していくことはできない。ウイルスの起源としてはむしろ、生命が誕生したあとで、何かの拍子にDNAやRNAの断片がある生物から飛び出して、他の生物に寄生しつつ進化を遂げてきたという説のほうが主流のようである。

だが、現生生物の最小ゲノムサイズより小さいものでも生命的な活性を持ち得るという事実は、生命の起源を考える上でやはり重要である。ウイルスよりさらにゲノムサイズが小さいものにウイロイドというものがある。短い環状のRNAのみで構成され、植物に感染するものである。ウイルスはそのDNAやRNAをタンパク質の殻が覆っているが、ウイロイドにはそれすらない。その最小ゲノムサイズはわずかに200塩基ほどである。これが、自然界に存在し、生命的な活性を示すもののなかで最も小さく原始的なものといえるだろう。

自然界ではなく、人工的につくられたものまで含めれば、さらにサイズの小さいものが存在する。ＤＮＡは生命において遺伝情報の保存媒体の役割をしており、タンパク質のように代謝における触媒（酵素）の働きをすることはない。ところが、もう一方の核酸であるＲＮＡは、ＤＮＡの遺伝情報をコピーしてリボソームに伝えるという保存媒体の役割の他に、ＲＮＡ自身が触媒として代謝にかかわることが知られている。タンパク質でできた酵素（英語でエンザイム）に対比して、触媒としての活性を持つＲＮＡをリボザイムと呼ぶ。生物学の実験において人工的につくられたリボザイムには、塩基数１００程度で何らかの活性を示すものが知られている。どうやら、この塩基数１００程度というのが、生命的な活動性を発揮するために必要な最小限のゲノムサイズといえそうである。ちなみにこのリボザイムというものの存在は、生命の起源を考える上できわめて重要なのだが、それは後の章で詳しく述べることにしよう。

◆生命の物理的な大きさとゲノム

ここまで、ゲノムサイズ（塩基対の数）という観点でさまざまな生物の「大きさ」を見てきた。では物理的なサイズとして、ゲノムの本体であるＤＮＡの大きさはどれくらいなのだろうか。これと、生命に最小限必要なゲノムの塩基対数を組み合わせれば、生命細胞の物理的大きさとして可能な最小値がおおよそ、割り出せるはずである。

物質の原子や分子構造を見るときに便利な単位にオングストローム（Å）があり、その定義は1メートルの100億分の1である。水素原子において、電子が原子核（陽子）を回っている半径が0・53Åであり、また、水分子においては酸素原子核と水素原子核の間の距離がほぼ1Åである。さまざまな原子核が電子を介して化学的に結合する際の腕の長さが典型的に1Åであるといってよかろう。

核酸の単位であるヌクレオチドは、例えば塩基Aに対応するアデノシン一リン酸なら、水素原子核が14個、炭素が10個、窒素が5個、酸素が7個、そしてリンが1個結合したものであり、総重量は水素347個分となる。これが鎖状につながったのがDNAの一本鎖で、二本鎖のDNAはこれがぐるぐるとらせん状に伸びているわけだが、その二重らせんのなす円柱の直径が20Åである。二重らせんが伸びていく方向、つまり円柱の高さ方向にヌクレオチドが並ぶ間隔は3・4Åで、ヌクレオチド10個分、つまり34Åでらせんが1回転する（図3－4）。このことから、円柱の体積1067立方Åあたりに1つの塩基対が入っていることになる。

ヒトのゲノムサイズは30億塩基対だったから、その総延長は約1メートルになる。これが我々の体の一つ一つの細胞すべての核に含まれているというのはにわかに信じがたいが、丁寧に折りたたまれれば可能となる。30億塩基対のDNAの円柱の体積は約3立方マイクロメートル。効率よく折りたためば、半径1マイクロメートルの球の中に収まることになる。実際のDNAは複雑に折りたたまれて、長さ数マイクロメートルの染色体に格納されている（染色体の太さは直径1マイクロメートル程度）。ヒトの細胞では30億塩基対が23本の染色体に格納されているから、まずまず余裕を持った収納だといえるだろう。それが父親と母親由来の2組、計46本が細胞核内に存在する。哺乳類の細胞核の直径は6マイクロメートルほどで、細胞の体積の10％程度を占めて

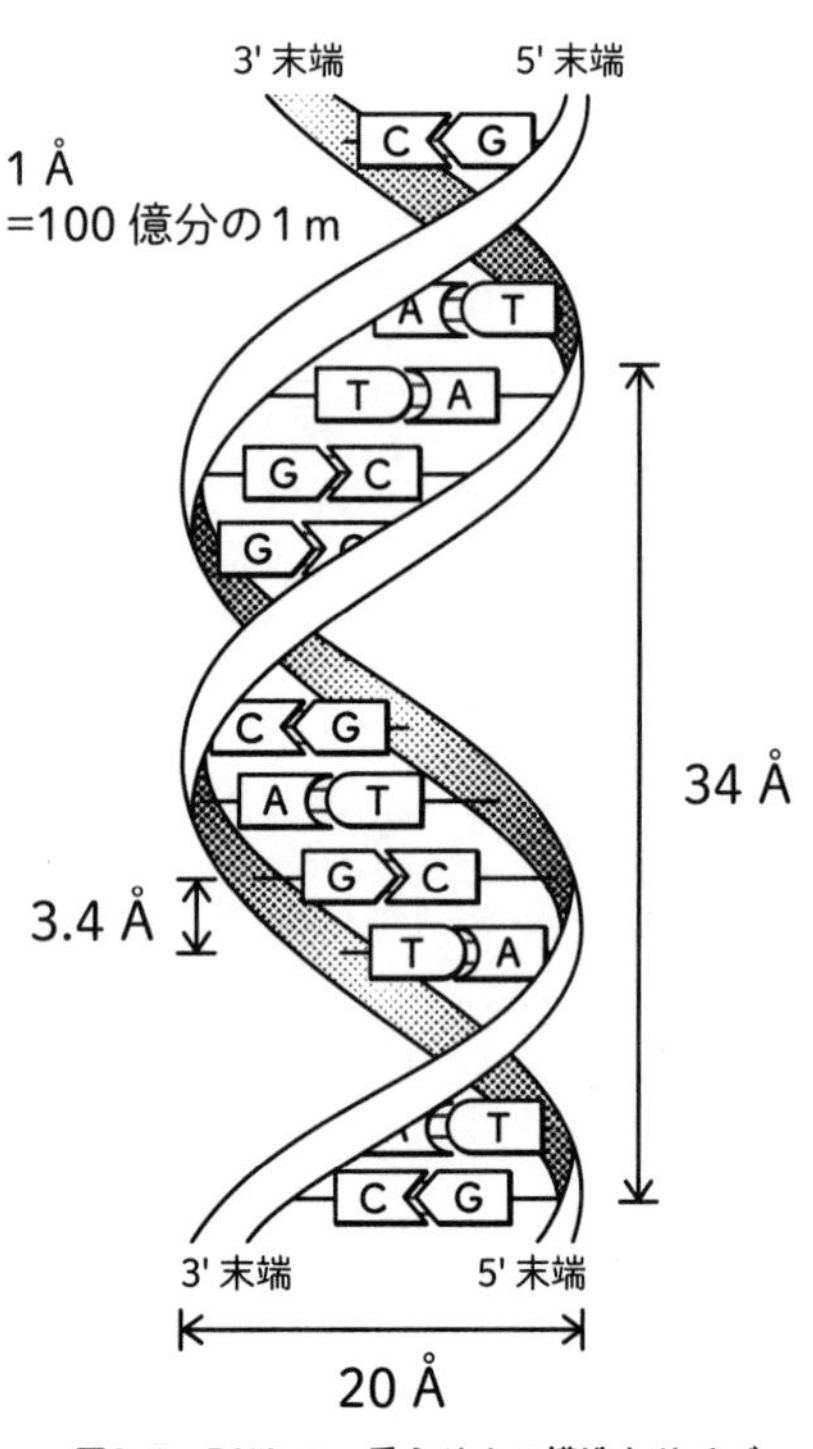

図3-4　DNA の二重らせんの構造とサイズ

いる。そう考えると、細胞の中で遺伝情報を格納するためのスペースはけっこうな割合であり、生物の物理的な大きさを決める基本的な要素の一つといってよいだろう。

実際、さまざまな生物の細胞の大きさを見ると、真核生物の細胞は5〜100マイクロメートル程度であり、真核細胞中の細胞小器官や、原核生物の細胞の大きさが1〜10マイクロメートルといったところである。典型的な細菌のゲノムサイズは100万塩基対で、この長さのDNAの体積は半径0・1マイクロメートルの球に収まる計算である。ヒトのDNAを収めるために必要な球の直径が1マイクロメートルであったことを考えると、原核生物の細胞の大きさがヒトの細胞より10倍ほど小さいことも、うなずけることである。

◆最初の生命はいつ生まれたのか

図3-3に示した地球生命の進化の系統樹は、種の分化という観点から生命の進化史を図示したものといえる。しかしこれでは、地球史の時間軸上における生命進化の流れをつかむことはできない。そこで次に、地球の歴史の中で、生命がいつどのように生まれ、その後どう進化してきたかを簡単にまとめておきたい。

ビッグバンで宇宙が誕生してから、いかにして地球が生まれたかは第四章で述べることにして、ここでは地球の誕生から話を始めよう。地球は太陽および太陽系の誕生とほぼ同時に、約

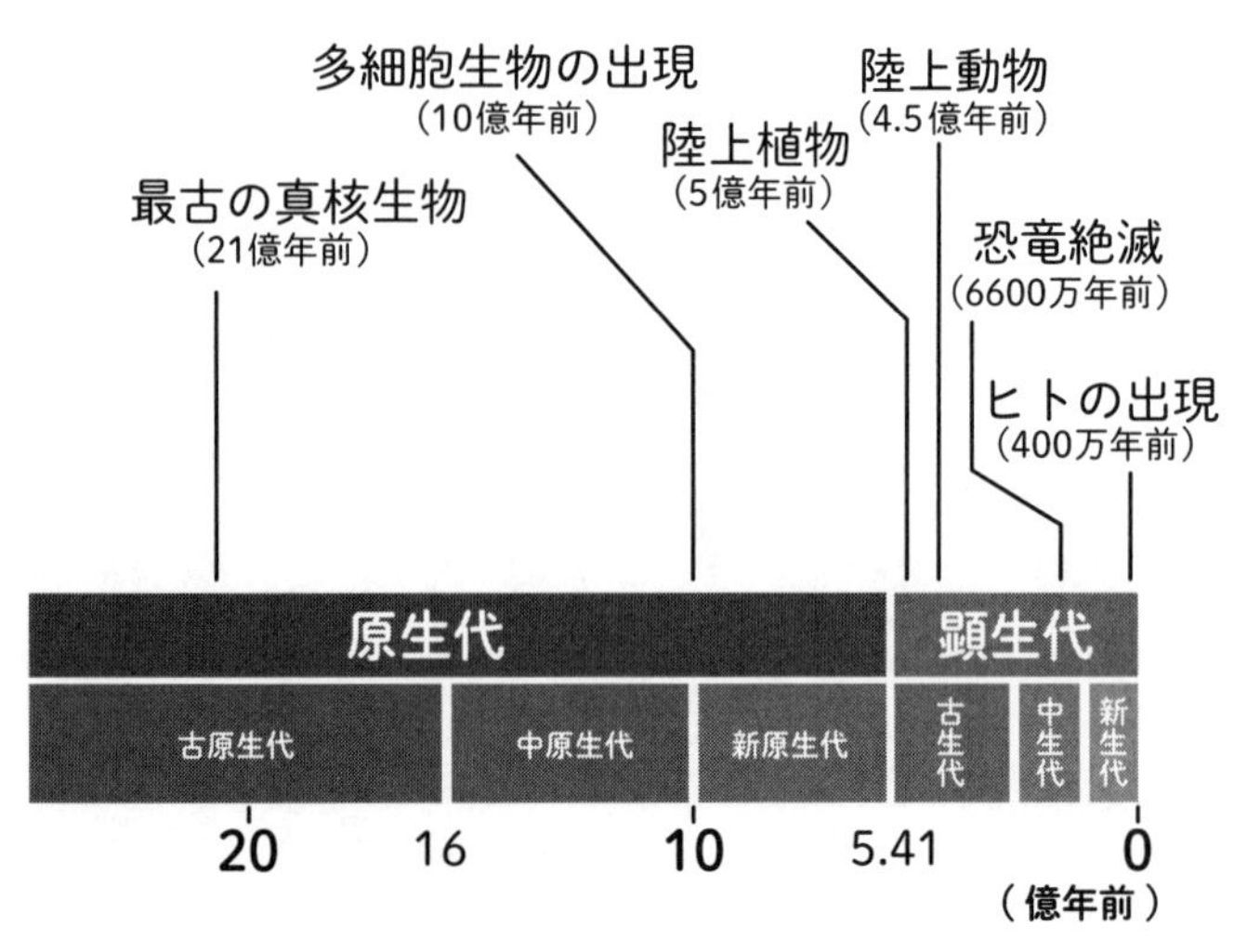

46億年前に誕生した。原始地球は微惑星と呼ばれる無数の岩石（現在の太陽系に見られる小惑星はその生き残りとされる）が衝突してできたもので、衝突のエネルギーのために誕生直後の地球表面はドロドロのマグマに融けていた（マグマオーシャン）。誕生してから1億年ほどたったころ、火星ほどの大きさの別の原始惑星が地球に激突し、月が生まれたとされる。さすがに、これより前に生命が誕生したと考えるのは難しい。この事件の後、生命が誕生できそうな環境が地球で整うためには、まず表面が冷えて、岩石でできた表面と海や湖といった水の領域が現れる必要があろう。

現在、地球上で見つかっている最古の岩石はカナダで産出したもので、約40億年前のも

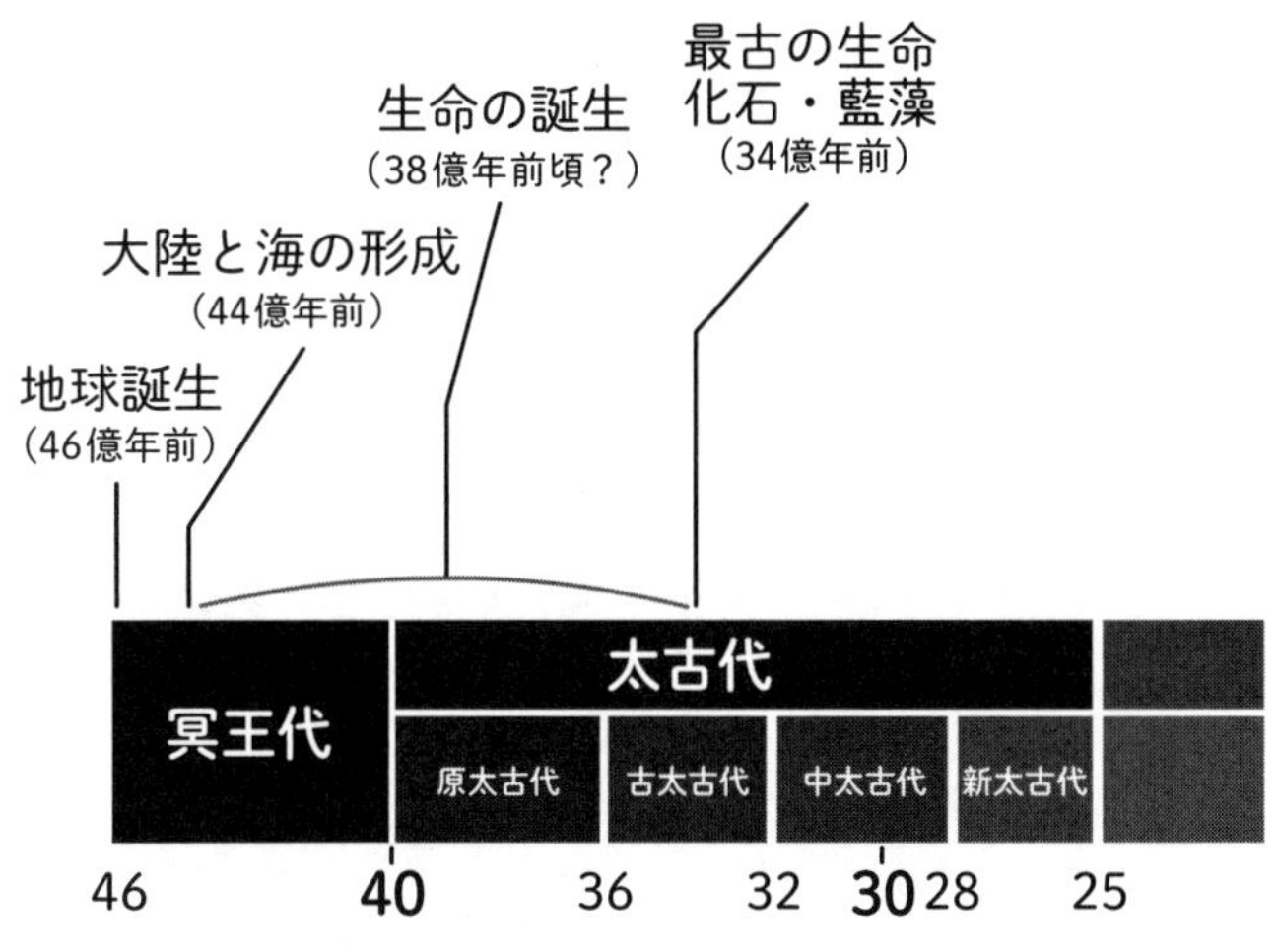

図3-5　地質時代年表

のである。地球の歴史を地質学的に区分した地質時代（図3－5）では、地球誕生からここまでを冥王代と呼ぶ。つまり、岩石によって直接的に探ることができない時代である。この最古の岩石は水による堆積や浸食でできたもので、つまり40億年前までには、陸地と海が存在していたと考えられる。そしてこれらの岩石の中に含まれる微小な鉱物のなかには、さらに年代をさかのぼるものがあり、しかもその鉱物が水による冷却でできたことも示唆されるという。これらの事実から、44億年ほど前には陸地と海が出現していたようである。最初の生命が地球で誕生したとすれば、これ以降であろう。

しかし誕生直後の地球の周囲には、惑星になりきれなかった微惑星が数多く漂っており、隕石として地球に降り注ぐ頻度も高かったであろう。巨大隕石が衝突するたびに、生命は絶滅のリスクにさらされた可能性がある。特に、月のクレーターなどの研究にもとづいて、41億年前から38億年前にかけて、多数の隕石が集中的に月や地球に降り注いだ時期があったことが示唆されている。後期重爆撃期と呼ばれるものである。これが事実なら、最初の生命は38億年前より後にしか生まれ得なかったかもしれない。ただ、後期重爆撃期の存在そのものに懐疑的な研究者もおり、また、最初の生命が後期重爆撃期を生き抜いた可能性も否定はできない。

一方、地質学的に生命の痕跡は地球の歴史をどこまでさかのぼるのだろうか。直接的な証拠としては、原始的な微生物の化石（微化石）として見つかっている最古の生命は34億年ほど前のものであり、最初の生命はこの時点までにすでに誕生していたことになる。間接的な証拠としては、炭素の同位体比に生物活動の痕跡が見られる岩石があり、約37億年前までさかのぼる。普通の炭素原子核は炭素12（陽子6個、中性子6個）だが、自然界には微量の炭素13（中性子が7個）も含まれる。生物が光合成などで炭素を自らの体内に取り込む際は、少し軽い炭素12のほうが効率よく取り込まれる性質があるので、二種の炭素原子核の存在比率から生命活動の痕跡を探れるのである。ただ、同位体比の変化が本当に生命の活動によるものと断定できるかどうかには議論がある。

これらをまとめると、最初の地球生命が誕生したと思われる時期としては、長めに見積もれば

44億年前から34億年前までの10億年、短めに見積もれば38億年前から37億年前までの1億年の間ということになる。これが原始生命の発生プロセスについて何を意味するのかは、第六章で詳しく検討したい。

◆その後の進化と多様化

最初に誕生した生物はもちろん単純なもの、具体的には単細胞の原核生物であっただろう。最初の生物にとっては「他の生物」は存在しないから、他の生物を捕食してエネルギーを得る従属栄養生物ではなく、独立栄養生物であったことになる。太陽光エネルギーを利用する光合成生物の誕生にはしばらく時間がかかったと考えられており、となると最初の生物は周囲の物質を化学反応させてエネルギーを得る化学合成細菌のようなものであった可能性が高い。

光合成を行う最初の生物はシアノバクテリアと呼ばれる細菌で、32億年前までに登場したようである。シアノバクテリアの死骸が層状に積み重なったストロマトライトという化石として今日までその姿を残している。そして光合成が始まったということは、光合成生物によって酸素が生産されるようになったことを意味する。実はこの時点まで、地球大気には酸素はほとんど含まれていなかった。酸素は他の物質と化学反応して燃焼させる働きを持つ。燃焼すれば酸素は消費され、発生したエネルギーは散逸してしまう。それが、エントロピーが増大する自然な方向性であるから、地球がエネルギー的に安定な状態になっているなら、酸素は存在しにくいのである。だが光合成生物は太陽光のエネルギーを利用して、その流れに逆らって酸素を生み出すわけである。

シアノバクテリアが登場したらすぐに大気中の酸素が増えていったかというと、そうでもない。当時の海の中には鉄イオンがたっぷり溶け込んでいた。海中のシアノバクテリアによって生成された酸素はまず、鉄イオンと反応して酸化鉄となり、海底に沈殿する。27億年前ごろからシアノバクテリアがおおいに繁栄し、大量の酸素によって酸化鉄が沈殿し、縞状鉄鉱層と呼ばれる地層が形成された。膨大な量の鉄がここに蓄積され、現代において人類が利用する鉄も、主にこの縞状鉄鉱層から採取されているのである。

やがて海中の鉄イオンが枯渇すると縞状鉄鉱層の生成が一段落し、鉄イオンと反応できない酸素は大気中に放出されるようになる。そのため25億年前ごろから地球大気の酸素濃度は上昇を始めた。そしてこの頃に、地球生命の進化史上でも一大革命が起こった。真核生物の登場である。

真核生物の細胞は、DNAを格納する核や、酸素呼吸によってエネルギーを生み出すミトコンドリア、光合成を行う葉緑体などの細胞小器官が細胞内に存在するものであった。このような細胞内のサブ組織が生じたきっかけは、もともと独立した複数の生物種の「共生」によるという説が有力である。光合成が始まることで大気中に酸素が含まれるようになったが、これは元来、酸素のない環境で生きる生命にとっては猛毒であった。しかし酸素は有機物を燃やすことでエネルギーが得られるため、やがて酸素を使って呼吸し、自らの活動のためのエネルギー源にする生物が出てきた。

ミトコンドリアはそのような生物だったのであろう。そして、その「酸素を使ってエネルギーを得る」という特技を持ったミトコンドリアを自分の細胞の中に取り込んで、エネルギー生成工場として使う生物が登場した。この場合、ミトコンドリアは鵜飼い(うか)の鵜のようなものであろうか。取り込まれたミトコンドリアも、より大きな細胞に守られて自らの安全を確保できるなら、いわゆるウィンウィンの関係だったのだろう。鵜飼いの鵜も、自由を失った代わりに鵜飼業者に生命と安全を保証してもらえる。同様に、シアノバクテリアのような光合成生物を葉緑体として取り込むことで、植物細胞は光合成の能力を獲得した。こうした説を強く裏付ける事実として、ミトコンドリアも葉緑体も、それぞれ自分のＤＮＡやゲノムを持っていることが挙げられる。

ちなみに真核生物が登場してそう時間のたたないうちに、オスとメスの分化、つまり有性生殖も始まったらしい。有性生殖を行うためには、父親由来と母親由来の2セットのＤＮＡを持ち(2倍体)、それを染色体という形で細胞内で区別しなければいけない。これはＤＮＡが複雑にからみついて染色体という明確な構造をとる真核生物にしかできない芸当である。真核生物の世界では、比較的原始的なものも含めて、有性生殖を行う種が広く存在している。これは真核生物の誕生から有性生殖の始まりまでは比較的短期間の進化であったことを物語っている。確実な年代は不明だが、ざっと十数億年前には有性生殖が始まっていたようである。

真核生物が登場しても、それはまだ1つの細胞だけで生きる単細胞生物であった。我々のような多細胞生物が登場したのは、10億年前から5億年前までの間といわれている。原核生物から真核生物というジャンプに加えて、ここでまた生命の本質を変えるような大きな変化が起きたことになる。本書の主題は無生物の世界からの最初の生命の誕生であり、その意味では原核細胞を非生物的な物質世界からどう作り出すかが焦点となる。そして原核細胞を一つの生命とみなすのであれば、真核細胞は一つの生命体というよりは、いくつかの生命体が構成する共同体であり、多細胞生物はさらにその共同体が膨大な数で集まって一つの組織として存在していることになる。原核細胞を人間とすれば真核細胞は家族で、多細胞生物は多くの家庭の集合体である国家ということになるだろうか。こうした、階層構造が異なるものをまとめて「生命」と呼んでしまっていることも、生命の定義をあやふやで難しくしている一因かもしれない。

国家や企業など、人間が多く集まって構成される組織にも、その誕生や死（解体）という生命的な概念がある程度あてはまることは、我々がふだん実感するところである。多細胞生物は子孫の個体にＤＮＡをそっくり引き継ぐことできわめて精密な自己複製を行うが、人間の組織にはそのような特質はない。それでも、原核細胞、真核細胞、多細胞生物、多数の多細胞生物がつくる社会、という異なる階層のそれぞれで、微妙に異なる定義の「生命」というものが考えられるのかもしれない。地球という複雑なシステムそのものを一つの生命とみなす考えは「ガイア仮説」として有名だが、ＤＮＡで自己複製しつつ進化するいわゆる「生命」とはいえないことは明白で、厳密な科学論とはみなされていない。それでも、ＤＮＡにもとづく狭義の生命から拡張して、より一般的でさまざまな形態の「生命」を考えるという試みとしては、興味深いといえるのかもしれない。

多細胞生物が登場してからの地球生命の進化は加速度的である。およそ5億年前には大気中の酸素濃度が現在の水準に近づき、酸素呼吸をする多細胞生物が大量のエネルギーを消費して活動できる環境が整った。ここでカンブリア爆発と呼ばれる、生物の突然の多様化が起こった。脊椎動物を始めとする、今日の生物につながる多くの生物種がこのとき登場したのである。

そして、生命活動による酸素濃度の上昇はもう一つ、地球に重大な変化をもたらした。地球大気の成層圏にまで達した酸素分子は、太陽からの紫外線と反応してオゾン（O_3）をつくり、地表からの高度25キロメートル付近にオゾン層ができた。よく知られているとおり、このオゾン層が生物に有害な紫外線を効率よく遮蔽してくれるため、陸上でも生物が生存可能になったのである。陸上に進出した生物は、現在までの5億年という、地球の年齢の10分の1程度でしかない短い間に、動物では魚類から両生類、爬虫類、鳥類、哺乳類と進化を遂げ、植物ではコケ類からシダ植物、裸子植物、被子植物へと多様化が進み、現在に至る。

進化のスピードが劇的に速くなった決定的な理由については、進化生物学においてもさまざまな議論があるようである。多細胞になったことで生物が獲得できる形態の多様性が高まったこと、酸素濃度が上昇したことで大量にエネルギーを消費する生命が出現したこと、有性生殖により一回の世代交代でも多様な遺伝情報を持つ子孫が生み出されるようになったこと、などが考えられそうである。

◆地球の進化と生命

以上、地球の誕生から現在までの生命の進化史を駆け足で見てきたが、本書の後の考察に関連して強調しておきたいことが二つある。一つは、地球における生命は地球に対して受け身の「住人」ではなく、地球全体の物理状態を大きく変えるほどの力を持った、地球の重要な構成要素の一つであるということ。それを示すものとして最も良い例が、生物の光合成によって地球の大気が酸素を多く含むようなものに変えられてしまったという事実であろう。

総質量としても地球における生物の存在は大きい。生物の主要な構成元素である炭素で考えると、すでに述べたように、地球の生物に含まれる炭素の総質量が約5500億トンである。これに比べて、例えば地球の海水の総質量は1.4×10^{18}トンであり、そのなかに40兆トンの炭素が溶け込んでいる。窒素と酸素を主成分とする地球大気の総質量は5・2×10^{15}トンだが、体積比率で0・03％を占める二酸化炭素として、6000億トンの炭素が含まれている。つまり生物は、海水中の全炭素の1・4％、また大気中の全炭素にほぼ匹敵する量の炭素をその体内に貯蔵しているわけである。地球表層に存在する炭素原子の相当な割合が、生物として存在していることになる。

　そして生命の体をつくる有機物は、燃やせばエネルギーを取り出せる「燃料」という見方もできるのであった。そう考えると、生命は地球表層の炭素のけっこうな割合を、太陽エネルギーを使った光合成によって燃料に変えてしまったということもできる。実際、地質時代のうちの石炭紀（3億5900万年前から2億9900万年前まで）には、シダ植物が大繁栄してその遺骸が積み重なることで、現在我々が利用する石炭となった。白亜紀（1億4500万年前から6600万年前まで）には温暖化により、生物が繁栄できる海洋の大陸棚の領域が広がり、大量の生物の遺骸が堆積した。これが現在、我々が用いている石油である。縞状鉄鉱層についてはすでにふれたが、鉄、石炭、石油という人類の文明の礎になっている資源が、すべて太古の昔の生命活動に起因しているということは、興味深いことである。

　強調したいことのもう一つは、生命の進化はたんに生命の内部的な力のみで進行するのではなく、地球環境の激変が重要な役割を果たしているということである。例えば、気温が低下して地球全体が凍りつく「全球凍結」という現象が地球史上で何度か起きている。最初の全球凍結は23億年前ごろであり、その直後に真核生物の誕生という重大な事件が起きている。二度目の全球凍結は7億年前ごろであり、その直後にやはりカンブリア大爆発が起きている。地球生命は最初の原始生命から現在まで命脈をつないでいるので、全球凍結でも生き延びた生物は必ずいるはずだ。だが、多くの生物種は絶滅したことであろう。それを乗り越えて生き残った生物たちが、再び温暖化した地球で新たな進化を大きく進めてきたようである。

カンブリア大爆発以後の進化でも、地球生物は何度か、大量絶滅に見舞われたことがわかっている。白亜紀末（6600万年前）に恐竜を絶滅させた隕石衝突事件は有名だが、史上最大の大量絶滅はペルム紀末（2億5000万年前）のものである。恐竜絶滅後に哺乳類が繁栄したように、これらの大量絶滅でも、生き残った生物種はそれまでの支配者がいなくなった地球でむしろ大きく繁栄した。

環境の激変が生物進化を加速させる傾向は、人間の社会における経験則から考えても、腑に落ちるのではないだろうか。身近な日本の歴史を振り返っても、外圧や戦争で社会が大きく変革された後は、新たな文化や思想が大きく発展するものである。生物も人間社会も、進化の根底に流れる原理や法則には共通項がありそうである。

第四章

宇宙における太陽と地球の誕生

Lev - stock.adobe.com

◆原始生命が誕生するための環境はどのように整えられたのか

前章までに地球生命とはどのようなもので、それが誕生以来どのように進化してきたのかをまとめた。次はいよいよ、その最初の原始生命がどのように生まれたかを考えていくことになるのだが、その前にここで一章を割き、生命が現れるべき舞台となった地球や太陽系が、この宇宙の中でどのように生まれたのかをまとめておきたい。本書の特色は、生命の存在を宇宙的な視野で考察することにある。そのためには、「太陽系や地球が宇宙の中でどのような存在なのか?」「ありふれたものなのか、あるいは珍しいものなのか?」といったことを踏まえておく必要があるからである。本章で述べることの詳細について関心のある方は、拙書『宇宙の「果て」になにがあるのか』など、すでに多くの解説書が存在しているのでそちらを参照していただきたい。

◆ビッグバンで生まれた、一様で広大な宇宙

よく知られているように、この宇宙は138億年前にビッグバンという超高温・高密度の状態

から大爆発で始まったことになっている。どうしてそんなことがわかるのか、と感じる方も多いと思われるが、これは現在のところ、実験・観測的根拠にもとづく唯一の科学的宇宙論であり、物理学・天文学分野で科学的思考の訓練を受けた専門家の全員が受け入れているといってよい。その意味では、まるでわからない「生命の起源」に比べれば、「ほとんどわかっている」と自信を持っていえるほどのものである。その科学的根拠とはいかなるものであろうか？

これまたよく知られているように、光の速度（秒速30万キロメートル）より速く移動できるものはこの世に存在しない。我々が光で宇宙を観測する際は、例えば1億光年の遠方にある銀河を見れば、それは1億年前の姿を見ていることになる。宇宙が138億年前に生まれたとすれば、138億光年より先は、我々は観測することも、情報をやりとりすることも、原理的にできない。この限界のことを「宇宙の地平線」と呼んでいる。地球における水平線や地平線（地球表面が平面ではなく球面であるため、人間の身長程度の視点の高さからは、5キロメートルほど先までしか見えない）になぞらえた用語である。

宇宙の地平線の向こうはわからない。が、その内側の宇宙がどのようになっているかは、人類のこれまでの観測によってすでに明らかにされている。まず、どの方向を見てもまったく同じような宇宙が地平線まで広がっている。それはつまり、宇宙には特別な場所などはなく（むろん、我々の位置が特別な中心ということもない）、どこも同じような密度や性質で、一様に物質が分

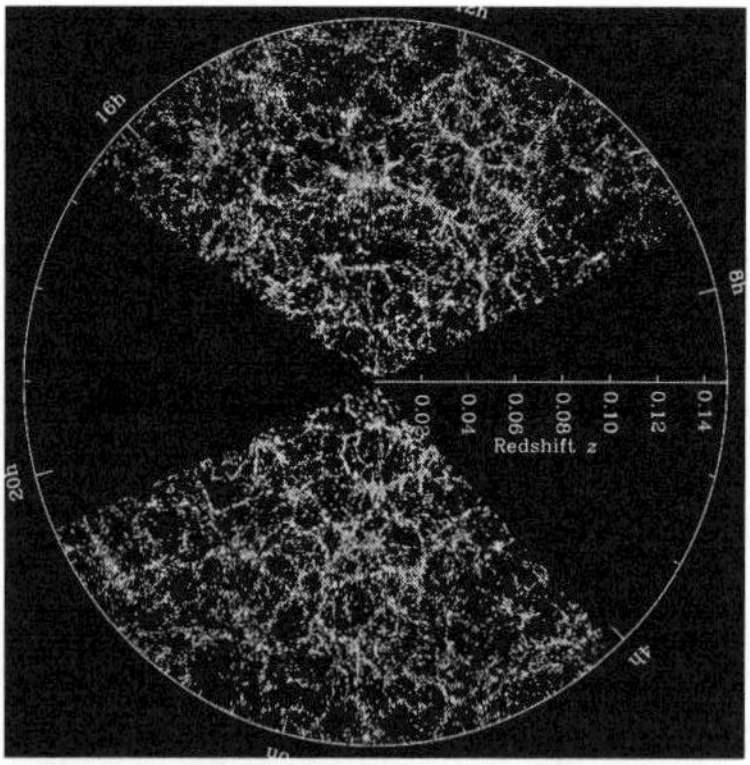

図4-1　宇宙の大規模構造
数十億光年の範囲の、銀河の三次元地図。我々がすむ銀河系を中心として、観測された扇形の領域の中に一つ一つの銀河が小さな点として描かれている。（M. Blanton and the Sloan Digital Sky Survey）

布しているというものである。

多数の恒星が重力で束縛されて集団をなしている天体を銀河と呼び、我々の太陽系が含まれる銀河を特に「銀河系」と呼ぶ。銀河系は太陽のような恒星が１０００億個ほど集まった銀河だが、宇宙にはそのような銀河がありふれている（半径１３８億光年の地平線内に、銀河は約１０００億個もある！）。銀河の中には恒星が密集している一方、銀河と銀河の間にはほとんど物質のない低密度な「銀河間空間」がある。このように密度のムラはあるものの、多数の銀河が含まれる大きなスケールでならしてしまえば、地平線内の宇宙はどこも同じような密度で広がっているわけである。

この広大な領域が、ビッグバンによる大爆発で瞬時に誕生した。その証拠の最たるものが、この宇宙が現在も膨張を続けているという事実である。１３８億光年にわたる広大で一様な領域が、どこも同じように膨張し、銀河と銀河の間の距離が拡大している。それが、「遠くの銀河ほど我々から速く遠ざかって見える」という、有名なハッブル・ルメートルの法則として観測されている。いや、観測だけではない。宇宙が膨張するというのは基礎物理学法則、特にアインシュタインの一般相対性理論とも正確に合致している。宇宙に一様な密度で物質が満ちていれば、宇宙は永遠不変たりえず、膨張したり収縮したりする。実はこれは、ハッブル・ルメートルの法則の観測的な発見以前に、理論的に予想されていたのである。

膨張しているということは、時間を逆に巻き戻せば、銀河と銀河の距離が縮んでいき、ざっと百数十億年も巻き戻すとすべての銀河が一点に集中してしまうことになる。つまりそれがビッグバンである。

図4-2　ハッブル超深部フィールド（Hubble Ultra Deep Field）
ハッブル宇宙望遠鏡によって撮影された超深部宇宙の画像。このなかに約1万個の銀河が含まれている。(NASA, ESA, and S. Beckwith (STScI) and the HUDF Team)

地平線のなかの宇宙はどこも同じと書いたが、遠方を見れば過去を見ることになる。現代の巨大望遠鏡による天文観測により、１３０億光年を超えるような遠方の銀河も観測することができている。それらは宇宙が誕生してからわずか10億年もたっていない、若い銀河のはずである。実際、見た目も、我々の近傍に見える現在の銀河とはかけはなれており、含まれる恒星の特徴などからも、それらが実際に非常に若いことがわかる。現在の銀河からビッグバン直後の若い銀河まで、時代とともに進化する銀河の様子が時間をさかのぼって観測されているのである。我々自身がタイム・トリップをすることはできないが、歴史を自在にさかのぼって観測できるという意味では、宇宙は天然のタイムマシンである。

そのビッグバンが超高温の火の玉であったことを教えてくれるのが、宇宙マイクロ波背景放射と呼ばれるものである。いわゆる光というのは、物理学的には電磁波と呼ばれる電気や磁気の波動である。その波の波長が0・4〜0・8マイクロメートルの場合に、我々の目に感じる可視光線となる。宇宙には原子核や電子といった物質だけでなく、電磁波も満ちている。ある温度を持った物体は特定の波長の電磁波を放つ性質があり、絶対温度で6000度の太陽は波長0・6マイクロメートル程度の可視光線で輝く。一方、宇宙全体は絶対温度2・7度という超低温の電磁波で満たされていて、それが宇宙マイクロ波背景放射である。その波長帯（約1ミリメートル）は電子レンジなどで使われている電波に近い。

宇宙が電磁波に満たされていると、その温度は膨張とともに下がっていく。これは、熱を持った物質が膨張すると、その膨張で消費したエネルギーの分だけ温度が下がるというきわめて一般的な物理法則であり、例えば、大気中で空気の塊が上昇し、膨張して温度が下がり、水滴が生じて雲ができるという現象と本質的に変わらない。逆に昔にさかのぼればどんどん温度が上がっていき、ビッグバンは超高温で始まったという結論になる。現在の物理学の知識にもとづく最新の宇宙論によれば、宇宙が誕生してわずかに10^{37}分の1秒という時代までさかのぼって予想することができ、その頃の温度は10^{29}度という想像を絶する超高温だった（物理学者はこういう数字を平然と口に出すが、本当に実感できているかどうかは怪しいものである）。現在観測されている138億光年の宇宙領域はそのとき、わずか1センチメートルほどの大きさだったと考えられている。

それより前となると、正直、よくわからない。我々の知る物理法則がもはや通用しなくなると考えられるからだ。ということは、そもそもビッグバンの爆発がどうして起こったのか、我々が観測している空間と物質が生まれる前は何があったのか、そもそも時間や空間がどうして生まれたのか、などといったより根源的な疑問に、現在の科学はまだ答えを出せていない（そして皆さんが生きているうちはまず、出ないであろう）。

それでも、この1センチメートルほどの超高温領域を用意して、手を放してやれば、あとは物理学の諸法則に従って宇宙の膨張、それに伴う温度の低下、さまざまな素粒子の反応や物質の変化などは計算できる。そして次節以降で述べるように、それがシームレスにつながって、ついには銀河や恒星、そして惑星の誕生にまでたどり着けるのである。それはさまざまな実験や観測データによって高い精度で検証されており、「精密宇宙論」という言葉まで使われるほど、科学的に確立している。物理学にもとづく思考と実験・観測の積み重ねによって、これほどまでに宇宙とその歴史を理解できているということは、人類の驚くべき到達といえるのではないだろうか。それほど強力な物理学であるが、まだ解決できない、あるいは手が出ない難問も存在する。その最たるものが、本書のテーマである原始生命の誕生といっていいだろう。

◆宇宙史前編・素粒子の世界と元素の誕生

ここからは、ビッグバンで誕生した宇宙が進化して最終的に銀河や恒星が誕生するまでの歴史を二節に分けて眺めていこう。前半は、まだ宇宙に天体が存在せず、高温でさまざまな素粒子が飛び交っている世界である。

多くの素粒子は質量を持っている。アインシュタインの有名な公式 $E=mc^2$ にあるとおり、質量の本質はエネルギーである。質量がゼロの粒子は常に光速で運動し、それが止まって見えることは絶対にない。質量があると、その速度は光速より必ず遅く、その粒子と一緒に運動する人から見れば、粒子が止まって見える。粒子が静止していて、運動に起因するエネルギーがないにもかかわらず、その粒子がエネルギーを内包している、それが質量である。

宇宙の温度が高く、その粒子の運動エネルギーが質量エネルギーをはるかに上回るような状態では、質量の効果は無視できて、粒子はほぼ光速で飛び交っている。宇宙の超初期はそのような

図4-3　宇宙の歴史の模式図

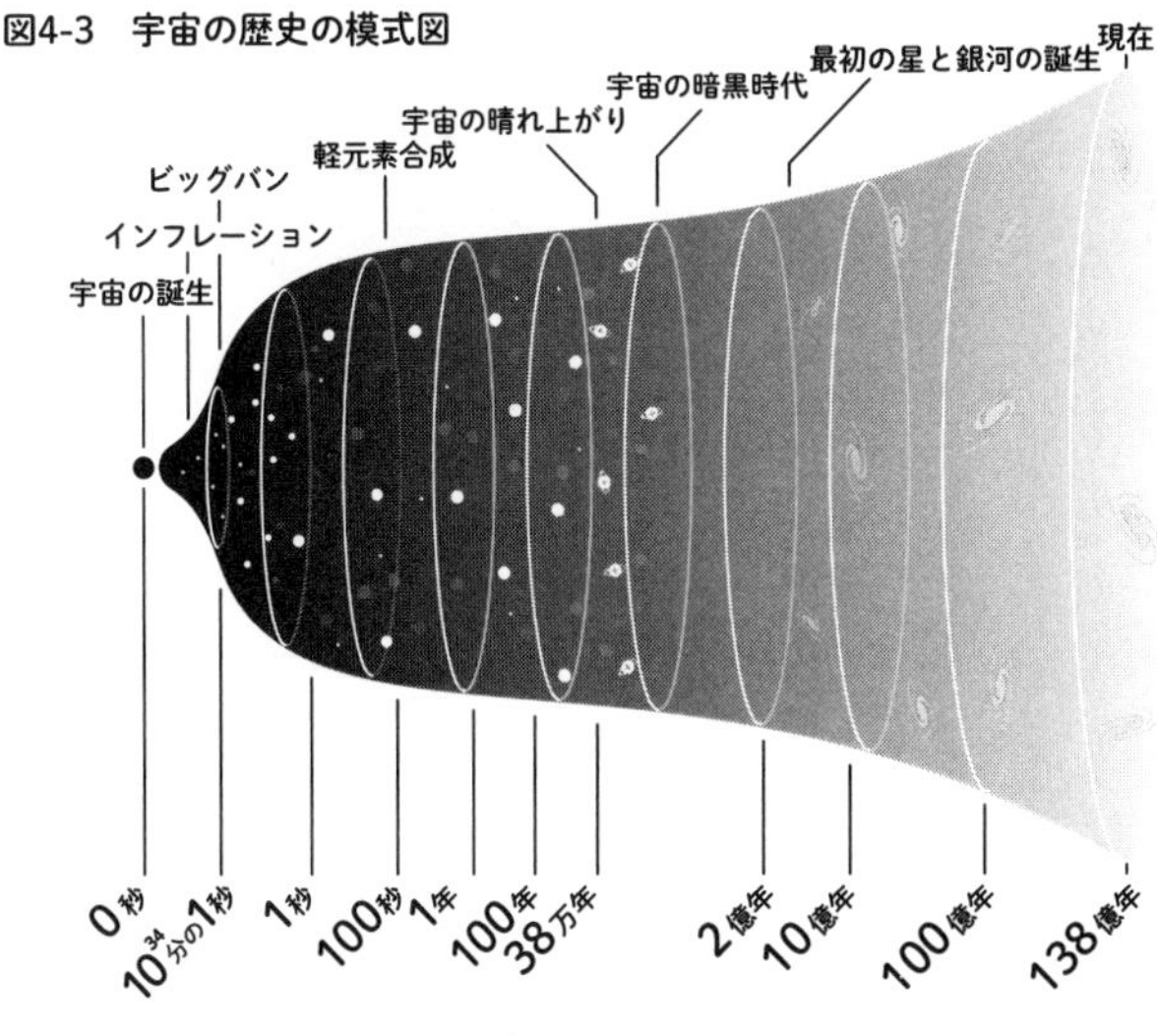

状態だった。そして温度が下がってくる（それはつまり、粒子の運動エネルギーが小さくなるということ）と、質量の大きな粒子から順に、質量の効果が現れ始める。

　原子核を構成する粒子である陽子や中性子の質量が重要になるのが、宇宙誕生から約10万分の1秒、温度にして10兆度の頃である。多くの素粒子には、質量などの性質がまったく同じで、電荷だけプラスとマイナスが逆の「反粒子」が存在する。陽子には反陽子、中性子には反中性子が存在する。これより以前は、陽子と反陽子は同数存在し、光の粒子である光子と同じぐらいの数で宇宙を飛び交っていた。だがこの時期以降、温度低下に伴って光子のエネルギーが小さくなると、陽子、中性子およびそれらの反粒子の数は激滅する。陽子と反陽子がぶつかると消滅して光子に変わるが、光子と光子の衝突から逆に陽子・反陽子のペアを作ることは、光子エネルギーが足りないためにできない。

もし、陽子と反陽子がまったく同じ数で存在したなら、これらは完全に対消滅で消え去ってしまい、この世界に物質は残らなかったはずである。つまり、地球も我々生命も誕生し得なかった。だが不思議なことに、わずかに陽子のほうが反陽子より多かった。その違いは本当に微々たるもので、100億個の反陽子に対して陽子が100億プラス1個だけあった、というレベルのものだ。どうしてこんなわずかなずれが仕込まれていたのか、現代の物理学でもまだ解明されていない。

さらに時代が下り、ビッグバンから約1分の時代には、いくつかの元素が誕生する。ごくわずかに生き残った陽子と中性子が結合し、原子核を作り始めたのである。温度は100億度ほどに下がっている。ただしこのときに生まれる元素の大半は、始めから存在していた単独の陽子、つまりいちばん軽い元素である水素（質量比で76％ほど）である。次に軽い元素のヘリウム4（陽子と中性子が2個ずつ）がそれなりに作られ（質量比24％ほど）、あとは極微量の軽い原子核（重水素とリチウム）ができるのみで、生命に不可欠な炭素（陽子と中性子が6個ずつ）や酸素（同、8個ずつ）などの重い元素は生まれない。そんな重い原子核が生まれる前に宇宙が膨張してスカスカになり、陽子や中性子が出会えなくなってしまうからである。その意味では、この

「ビッグバン元素合成」という宇宙史上の一大事件は、生命の誕生ということに関してはさほど大きな意味を持っていない。ただ、このときに生成された軽元素の存在量は物理学を使って正確に予言することができ、それが観測データと見事な一致を示している。ビッグバン宇宙論を支える最重要の基盤の一つである。

そして宇宙史の年表の中で、このビッグバン元素合成は唯一、我々人間にとって実感することのできる時間スケールの年代で起きた現象である。次に見るべき宇宙史上の事件というと、一気に時代は下り、宇宙誕生後約5万年の頃である。このとき起こったことは、宇宙史における分水嶺といってもよい。これ以前は、どこも等しい密度でムラのない宇宙の中を素粒子が飛び交う「素粒子的宇宙」であったが、これ以後、重力によって恒星や銀河などの天体が誕生し進化する「天文学的宇宙」の時代に入っていく。

具体的に何が起きたかを一言でいえば、宇宙の中の「主役」が交代したのだ。宇宙に存在するさまざまな物質や光の存在比率を見るとき、質量はエネルギーの一種と考えて、エネルギー密度に占める割合で見るのが物理的に適切である。この時代まで、宇宙のエネルギー密度の大半は光（光子の運動エネルギー）で占められていた。すでに述べたように、質量の効果が効き始めた粒子は対消滅を起こしてその数を激減させるので、宇宙のエネルギー成分としては無視できるのである。

だが陽子・中性子とその反粒子が対消滅し、100億分の1の物質が生き残った後は、これらの粒子の数はもう減ることがない。宇宙が膨張しても、ビッグバン元素合成で作られた水素やヘリウムの粒子数は変わらない。光子の数も変わらないのだが、質量を持たない光のエネルギーは、宇宙を膨張させるためのエネルギーに食われて小さくなる。これに対し、質量を持つ粒子の質量エネルギーは変わらない。その結果、宇宙のエネルギー密度における元素の割合は次第に高まっていく。

ここでもうひとり、重要な登場人物が登場する。暗黒物質である。現在の宇宙において、銀河の中の恒星の運動を解析すると、光っている星より何倍も大きな重力源となる、「見えない物質」が存在していなければならないことになる。さまざまな天文観測から、元素（通常物質）の約5倍の質量の暗黒物質が、宇宙にあまねく存在していることがわかっている。その正体は未知の素粒子という説が有力だが、まったくの謎に包まれている。わかっているのは、重力を発揮する物質ということだけである。

こうして、初期宇宙では無視できる存在だった通常物質と暗黒物質は、宇宙誕生後5万年の時点でついに光を逆転し、宇宙のエネルギーの最大成分となるのである。そしてこれが、天体の形成に決定的な意味を持っていた。天体をつくる原動力は、重力である。万有引力である重力は、物質の密度にわずかでもムラがあれば、密度の高いところに物質を集め、さらに密度を高める。

こうして、密度の高い領域にどんどん物質が集まっていくことで、ついには恒星や銀河などの巨大な天体ができあがる。だがこのプロセスが働くためには、光が邪魔なのである。光は光速で飛び交っており、重力で寄せ集められることはない。光が宇宙のエネルギーの支配的存在であるかぎり、質量を持った粒子が集まろうとしても、その微弱な重力は飛び交う光によってかき消されてしまう。暗黒物質のエネルギー密度が光を逆転することではじめて、暗黒物質が自らの重力で集まり始めるのである。

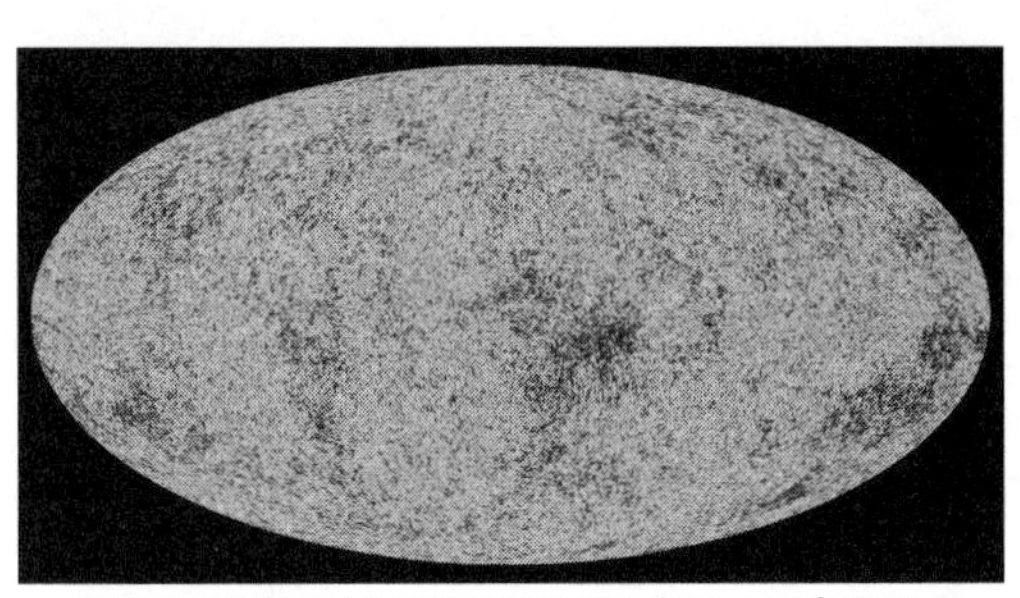

図4-4　宇宙マイクロ波背景放射の全天マップ（ESA）

そしてこの時代から少し下った宇宙誕生後38万年に、もう一つの重要な事件が起こった。通常物質の大半を占める水素はそれまで、宇宙が高温であるために原子核（陽子）と電子に分離していた。この時期、宇宙の温度が約3000度にまで下がり、電子が原子核に捕獲されて水素原子となった。これが宇宙における光の運動に劇的な変化をもたらす。光が宇宙を伝搬する上で障害となるのは、原子核に束縛されていない自由な電子によって散乱されることだ。そのため、光はごく短い距離を進んでは散乱されて方向を変えられていたが、その自由電子が消え去ったことで、何億光年もの距離をまっすぐに飛べるようになったのだ。雲の中にいて見通しがきかなかった状態から、一気に雲が晴れたようなもので、これを「宇宙の晴れ上がり」と呼んでいる。

この晴れ上がり直後に宇宙を満たしていた光は、その後、まっすぐに宇宙空間を飛び続け、宇宙膨張によって温度だけが2・7度の極低温になって、我々に観測されている。これが宇宙マイクロ波背景放射で、ビッグバンから約38万年の宇宙の姿を示しているといってよい。その強度はどの方角からもほぼ一定だが、わずかに10万分の1ほどのゆらぎ（ある方向からの強度が100000とすれば、別の方向からは100001という程度の違い）がある。晴れ上がり以前の宇宙は、ほぼ均一の密度の中に、この程度のわずかなゆらぎが仕込まれていた。それが以後、重力でゆらぎが増幅され、やがて銀河や大規模構造の形成につながる。

宇宙が晴れ上がったということは、遠方の天体を観測する天文学者にとっては決定的にありがたいものであったといえるが、天体の形成という観点からも重要な効果があった。暗黒物質はすでに重力によって高密度領域へ集まりはじめていたが、通常物質は光の影響を受けるため、集まろうとしても妨げられていた。それがこの「晴れ上がり」によって光の呪縛から解放され、暗黒物質の後を追うように高密度領域へ集まりはじめたのである。これ以後、宇宙は一気に天体の形成に向けて突き進んでいくことになる。

◆宇宙史後編・銀河と恒星の形成

重力による天体の形成活動が始まったとはいえ、そもそも最初の密度ゆらぎがわずか10万分の1という小さなものだっただけに、目に見えるような密度のムラが生じ、さらに天体が生まれるまでにはそれなりの時間がかかった。重力源として最も大きなものは暗黒物質であり、暗黒物質は集まってハローと呼ばれる天体を形成する。小さなものほど先にでき始め、さらにハローとハローが合体することでより大きなハローができていく。

図4-5
暗黒物質による構造形成のシミュレーション画像（石山智明、中山弘敬、国立天文台4次元デジタル宇宙プロジェクト）

しかし暗黒物質は他の物質や光と反応することがまったくないため、光を放って輝くような天体にはならない。それを担うのは、暗黒物質の重力に引きずられてハローに落ち込む通常物質（水素とヘリウム）である。その落下速度による運動エネルギーは最終的に熱に転化し、ハロー中の通常物質のガスは温められている。そこから恒星が作られ、ハローを「銀河」にする

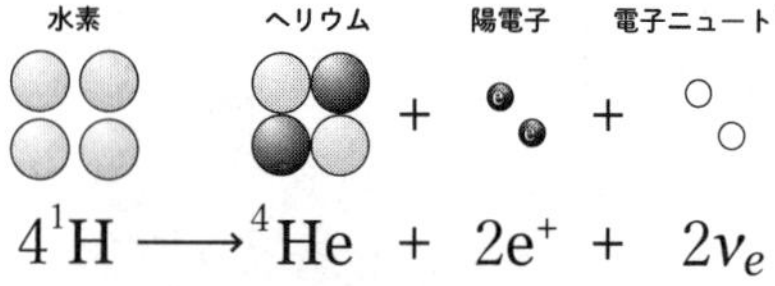

水素　ヘリウム　陽電子　電子ニュートリノ

$$4\,{}^{1}\mathrm{H} \longrightarrow {}^{4}\mathrm{He} + 2e^{+} + 2\nu_{e}$$

図4-6　水素の核融合反応

には、もう一つ重要なステップがある。ガスの冷却である。

ハローが成長して大きくなると重力も強くなり、温められたガスの温度が高くなる。温度が1万度ほどになると、水素原子の中で電子がエネルギー的に励起(れいき)され、そのエネルギーを電磁波として放射して元の状態に戻る、といった反応が起こる。こうした過程で、ガスの熱エネルギーが放射として逃げていき、ガスは冷える。冷却されるとガスの圧力が下がり、重力を支えられなくなったガスはハローの中心部に落ちてさらに密度を高めていく。

冷却すると温度は下がると思いがちだが、中心部に集まったガスは、さらに重力で引かれて落ちたことによりエネルギーが生じ、温度は逆にどんどん上がっていく。そして、1000万度もの高温になったところで劇的な変化が起き、収縮と温度上昇のサイクルが止まる。4つの水素原子核が合体してヘリウム原子核に変わるという核融合反応が始まるのである（図4-6）。これが、恒星の誕生の瞬間である。それまでのガスの収縮は比較的速い時間スケールで進行する（といっても、数千万年ほどだが……）が、核融合反応が点火すると、それが生み出す熱と圧力によって中心部は重力に対して安定に保たれ、生じた熱はじわじわと恒星の表面まで流れて光として放射される。こうして、何十億年という時間スケールで安定して輝く「恒星」となる。ハローの中にいくつかの恒星が誕生するところまでくれば、それはもう「原始銀河」といってもいいだろう。このときすでに、宇宙誕生から数億年という歳月が流れている。

このようにして、恒星とその集団である銀河は誕生した。このあと、原始銀河の中ではどんどんガスが冷却して多数の恒星が誕生していく。銀河は衝突や合体を繰り返して成長し、新たに供給されたガスがまた冷えて、さらに多くの恒星が生まれていく。暗黒物質ハローの中でガスが冷えて収縮し、中心部に落ち込む際は、自然と渦を巻くガスの円盤ができる。これは一般に、広く散らばった物体を中心に引き寄せて集めていくと、中心まわりの回転が増幅されるためである。その回転で生じる遠心力は、中心に集めようとする力（今の場合は重力）に逆らい、物質が中心部に落ち込むことを妨げる。洗面台の蛇口の栓を抜いたときに渦が生じるのと同じである。そのガス円盤に沿って星々が誕生し、渦巻銀河のような形もできる。こうして100億年以上という時間をかけて、我々の銀河系のような立派な銀河ができあがった。

恒星が生まれたことは、生命が宇宙に出現する上でどのような意味があっただろうか？　すぐに思いつくのはもちろん、太陽がそうであるように、生命活動のためのエネルギー源としての役割である。ただ、恒星からの放射のエネルギーが生命の存在に必須かどうかはわからない。例えば地球内部に起因する地熱を利用した生命も可能かもしれない。太陽から遠く離れ氷で覆われた木星の衛星エウロパでも、氷下には火山活動で温められた海があることがわかっており、生命がいるかもしれないとまで考えられている。

むしろ、生命を宇宙に現出させる上で恒星が果たした決定的な役割は、重元素の合成というべきであろう。すでに述べたように、ビッグバンの直後に作られた最初の元素はほぼ水素とヘリウムのみであり、これら単純な元素だけで、複雑な化学反応ネットワークにもとづく生命が可能になるとは考えにくい。また、ケイ素など岩石の材料となる元素もないので、地球のような硬い地表を持った岩石惑星の形成も望めない。生命や岩石惑星に必須の、ヘリウムより重い元素はみな、恒星の中の核融合反応で作られたものなのである。

夜空に輝く星の大部分は、太陽も含まれる「主系列星」と呼ばれるグループだ。これらの星々は中心部で水素をヘリウムに合成する核融合反応が起きていて、それが発する熱で安定して輝き、長い寿命を保つ。太陽の寿命はおよそ100億年といわれ、現在46億歳の太陽はその一生の折り返し地点一歩手前である。

中心部の水素が核燃焼により減少すると、恒星は主系列段階を終えて次の進化段階に進む。さらに核融合が進んで、ヘリウムの燃焼から炭素、炭素の燃焼から酸素と、より重い元素が合成されていくのである。だが太陽のような比較的低質量の恒星では、それ以上の重い元素は作られない。重い原子核を合成するには、プラス電荷の大きな原子核同士をぶつける必要があり、電気的反発力が壁となるのだ。そして核融合反応が起きなくなると、電子の縮退圧と呼ばれる量子力学的な圧力で星を支える白色矮星になって、あとはゆっくりと冷えていくのみという、穏やかな死を迎える。つまり、重元素を作って星間空間にばらまくという役割を担っているのは、太陽のような恒星ではない。超新星と呼ばれる、もっと重い星の壮絶な死である。

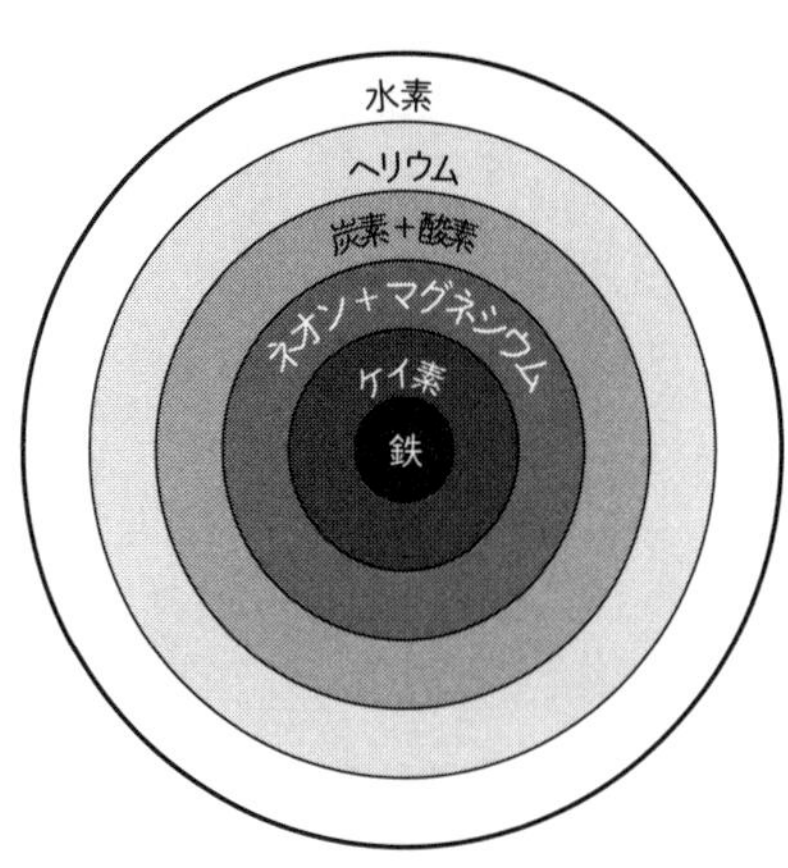

図4-7　大質量星の最終段階（たまねぎ構造）

◆超新星爆発がばらまく生命のタネ

同じ主系列星でも重い星ほど高温となり、核融合反応のスピードも速い。燃料である水素を速く使い果たしてしまうため、寿命はずっと短くなる。太陽より10倍ほど重い星であれば、わずかに1000万年である。そしてこのような重い星の中心部は高温であるため核融合がさらに進み、マグネシウムやケイ素、鉄などが作られていく。そして、この鉄が終着点である（図4－7）。

原子核を構成する陽子と中性子を固く結びつけて

いるのは核力（強い力ともいう）であり、核融合反応が進むのもやはりこの核力が働くためである。だが原子核が大きくなると陽子の数も増えて、それらの間の電気的な反発力も強くなる。鉄より重い元素ではこの力のほうが打ち勝って、原子核はむしろ核分裂を起こして軽い元素に変わろうとする。つまり原子核というものは、鉄より軽いものは合体してより重く、鉄より重いものは分裂してより軽くなり、その際に余剰なエネルギーを捨てることで安定した原子核になろうとする。そして鉄は最も安定した位置にいるため、それ以上、原子核エネルギーを取り出すことはできない。つまり燃料となり得ない物質で、「燃えかす」というべきものである。

そのため、重い恒星の中心部には最終的に鉄でできたコアが形成される。その質量は太陽と同程度だが、大きさは地球ほどしかない、つまりきわめて密度の高いものである。エネルギーが発生しないため、熱に由来する圧力でコアを支えることはできない。しばらくは、白色矮星と同じ「電子の縮退圧」で支えているが、コアの質量が太陽の1・4倍ほどになると、重力に負けて潰れてしまう。このとき、コアの半径は数千キロメートルから一気に数十キロメートルに縮み、物質の落下により膨大なエネルギーが生み出される。半径数十キロメートルで落下がせき止められるのは、コア物質の密度が原子核の内部密度（1立方センチメートルあたり1兆キログラム）に匹敵するほど高くなり、核力が新たに星を支える力となるためである。

通常、原子核内には陽子と中性子が半分ずつぐらい含まれる。しかし超高密度物質では、電子をなるべく少なくしたほうがエネルギー的に安定になるという物理的性質がある。そのため、この潰れたコアの内部では電子と陽子は合体して、ほとんど中性子になっている。これが中性子星の誕生である。さらに重い恒星だと、原子核力でも支えられずにブラックホールになることもある。

重力によって生み出された膨大なエネルギーのほとんどは、誕生したての中性子星の内部に閉じ込められている。周囲にはまだ星の外層物質が大量に残っていて、光は外に出てこられない。

図4-8　大マゼラン星雲に出現した超新星1987A（ESO）

ここで重要となるのは、物質との相互作用がきわめて弱いニュートリノという粒子である。中性子星の表面から放射されたニュートリノは星の外層をやすやすと通り抜けてしまうので、わずか10秒ほどの間に中性子星内のほとんどのエネルギーが星の外に持ち去られてしまう。そしてそれらのニュートリノはその後、永遠に宇宙空間を飛び続けるだけで、その後の宇宙進化には何の影響も与えない。ただし、人類の科学の進歩には大きな貢献があった。１９８７年に大マゼラン星雲で起きた超新星１９８７Ａからは、日本のカミオカンデや米国の実験装置によって合計19個のニュートリノが捕らえられた。それは人類が超新星という現象を理解する上で決定的であった。

そして生み出されたエネルギーのうち、わずか１％ほどが星の外層物質に与えられるが、こちらのほうが華々しい仕事をする。外層の質量は太陽の10倍以上の質量を持つが、重力的な束縛は弱く、このわずかなエネルギーで簡単に吹き飛んでしまう。そして吹き飛ばされた物質中に含まれる放射性元素の崩壊熱で数ヵ月のあいだ明るく輝く。これが超新星爆発である。その明るさは太陽の10億倍にもなり、１つの銀河の明るさに匹敵する。そしてこの超新星のおかげで、宇宙に生命が誕生する必要条件のうち、おそらく最も重要なものが整えられた。恒星内部で作られた酸素や炭素、鉄などの重元素が、星間空間にばらまかれたのである。

銀河の中で、星間空間のガスは一定のペースで誕生する恒星に取り込まれる。誕生する恒星の質量は太陽の10分の1から１００倍まで、さまざまである。太陽のような星に取り込まれたガスは１００億年の永きにわたり星内部にとどまり続ける一方、太陽の10倍ほど重い星に取り込まれたガスはわずか１０００万年で超新星爆発によって星間空間に戻される。戻されたガスは星間ガスに混ざり、重元素量を高めた上で、さらに次の世代の恒星の誕生に使われる。このようなサイクルが延々と繰り返され、ビッグバンから92億年ほどたった頃には、星間ガスの重元素量は重量比にして2％に達していた。そんな星間ガスから、太陽は生まれたことになる。

ちなみに、恒星の内部の核融合で自然につくられる元素は鉄までで、それより重い元素はつくられない。だが自然界には、鉄よりずっと重いウランなどの元素も存在している。その存在量は、鉄や酸素のさらに1万分の1とか10万分の1といった極微量であるが、けっしてゼロではない。どうしてこんな元素が宇宙に存在するのであろうか？

最も安定した元素が鉄であるだけに、それより重い微量重元素を熱力学の法則に則って作り出すのは、一見、不可能に思える。鉄より重い元素をつくるためには、軽い原子核同士を核融合させるしかないが、それには外からエネルギーを与えなくてはならない。だが熱力学的には逆に、微量重元素がエネルギーを放出してバラバラになるほうが自然なのである。これは、実は第二章で述べた「なぜ生命は、熱力学的の法則に逆らうようにＤＮＡの合成や自己組織化を行えるのか？」という問題と本質的に同じである。エントロピー増大の法則は、外界から途絶した孤立系において成立すべきものであり、熱やエントロピーを外界とやり取りする開放系では、必ずしも成り立つ必要はない。それが、ＤＮＡ合成の秘訣であった。

鉄より重い元素の合成は、超新星爆発や連星中性子星の合体など、かぎられた天体現象のみで実現する極限的な環境で起こる。そこでは、外から注入されたエネルギーによって生成された多量の中性子が自由に飛び交い、高温で希薄なガスとしてやがて星間空間に放出される。その過渡的な状況の中で、一部の原子核は多数の中性子を吸って巨大化するのである。巨大原子核だけに注目すれば、これはエントロピーの法則に逆らっているように見える。だが注入されたエネルギーによってバラバラになった粒子が星の外に放出されるという全体像を見れば、たしかにエントロピーは増大しているのである。

さて、本書の主題である生命という観点から見れば、こうした鉄より重い微量重元素が生命の存在に必須であるかどうか、というのは興味深い命題である。実際、生物にとっての「必須元素」というものが知られており、例えば植物ならば原子番号42のモリブデン（ちなみに鉄は26）が必須とされている。動物の場合はモリブデンに加え、原子番号53のヨウ素が必須で、甲状腺ホルモンの成分として代謝の調節に重要な役割を果たしている。そうなると、もし、鉄より重い微量元素がまったく生成されないような宇宙だったら（熱力学的には、そんな宇宙もまったく不思議ではない）、高等生物は存在し得なかったことになる。原始生命のような単純なものなら、そんな宇宙でも存在可能かもしれない。このような観点であれこれ宇宙と生命について考えてみるのもまた楽しいことなのだが、本書ではこれくらいでとどめておこう。

◆惑星の誕生

本章の最後に、生命が活動する舞台である惑星の形成についてまとめておこう。星間ガスが重

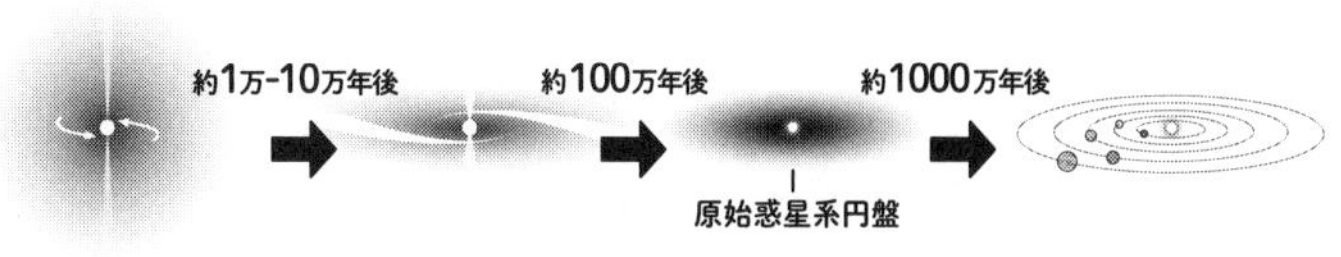

図4-9　原始惑星系円盤と惑星の形成プロセス

力で集まって恒星が生まれた直後、その周囲には円盤状のガスが回転している。原始惑星系円盤と呼ばれるものである。これは渦巻銀河の円盤同様、中心に物質が落ち込む過程で回転が増幅され、遠心力で落下をせき止められているもので、恒星に落ち込みきれなかったガスの集まり（「落ちこぼれ」というか、「浮きこぼれ」？）といえる。

太陽のように、銀河が誕生してから何十億年もたって生まれた恒星では、その原始惑星系円盤もやはり質量比で数％ほどの重元素を含んでいる。この重元素のかなりの割合（一声、半分程度）は、化学反応によって結合し、砂や岩石と同じような材質でできた細かい粒子、いわゆる星間塵（せいかんじん）（星間ダスト）として存在している。この円盤中の塵粒子同士が合体を重ねることでさらに大きな粒子に成長していく。直径10キロメートルほどに成長したものを微惑星と呼び、その微惑星がさらに合体や成長を重ねて、原始の惑星が誕生していく。

原始惑星が最終的にどんな惑星になるか、その運命は主に太陽からの距離によって決まる。特に大切なのが雪線という概念である。第二章で述べたように、水分子をつくる水素と酸素は宇宙に豊富に存在する元素であり、したがって原始惑星系円盤のガス中にも、水分子は豊富にあると期待される。雪線と

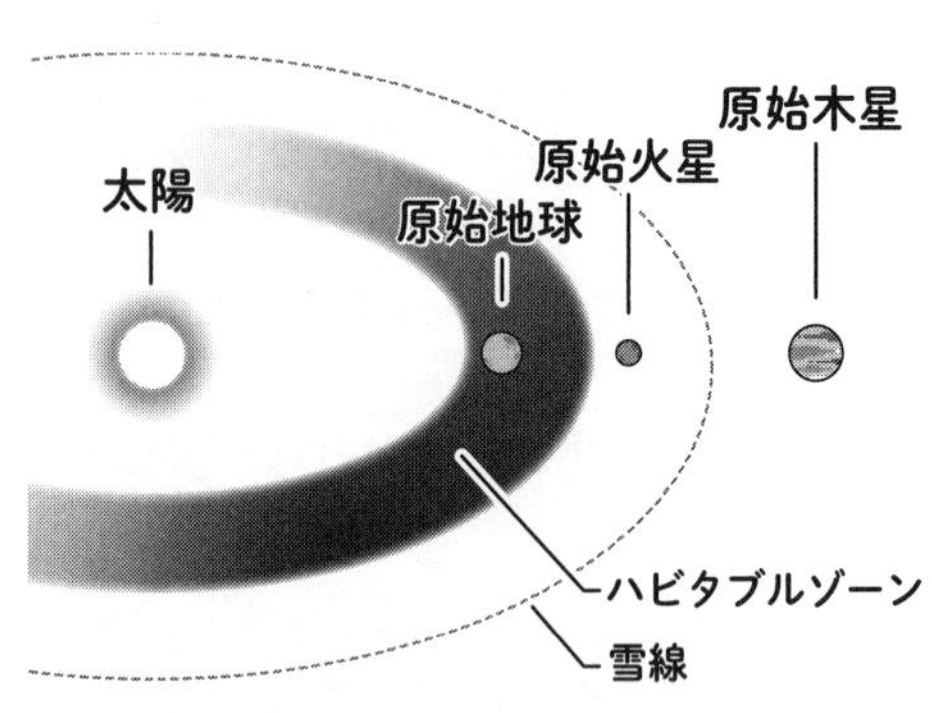

図4-10　雪線とハビタブルゾーンの模式図

は、太陽の熱で水が気化してしまうか、太陽から遠いため氷として存在可能か、その境界である（宇宙空間のような極低温・低圧の環境では、液体の水は存在できない）。太陽系の場合は、雪線は火星と木星の間にあり、小惑星帯と呼ばれるところに近い。

この、火星と木星の間に雪線が存在しているということが、太陽系の惑星の性質と見事に符合している。火星より内側の惑星はすべて、岩石惑星と呼ばれ、主に岩石質の物質でできている。塵粒子が集まってできた原始惑星そのもの、といってよい。一方、木星や土星はそれらよりはるかに巨大で、その主成分も水素とヘリウムからなるガスである。つまり、塵だけでなく円盤中のガスが大量に木星と土星に取り込まれたのである。雪線の外側では、塵から微惑星が形成される過程で大量の氷も含むようになり、それだけ原始惑星の質量も大きくなる。その巨大な重力でガスを集めて巨大なガス惑星になるとされる。さらに遠くの天王星や海王星では、太陽から遠いためにより多くの氷を含むようになる。そこで木星や土星が巨大ガス惑星、天王星や海王星が巨大氷惑星という分類がなされている。

こうして太陽系の惑星たちが誕生した後、円盤中の残ったガスは太陽に落ち込むか、太陽系の外に飛ばされるかして、やがて消失した。残されたのは惑星と、惑星になりきれなかった小さな岩石や氷の塊である。小さな岩石が小惑星、氷が彗星として、太陽系の小天体を構成している。当然、彗星のほうは雪線の外側の太陽系外縁部に多く存在する。これら小天体は太陽系形成時の物理的な状態をよく保存していると期待され、「はやぶさ」などの探査機が小惑星や彗星を目指す上で大きな動機の一つとなっている。

こうして、雪線の内側にはガスをまとっていない岩石惑星ができる。さらに雪線の内側には、ハビタブルゾーンといわれる領域が存在する。惑星の表面温度は太陽からの放射強度（つまり距離）で決まるが、その温度がほどよい加減で、水が液体として存在できるような領域のことである。水を必要とする生命をその表面に宿す惑星は、この領域にしか存在し得ないことになる。惑星の表面温度は太陽からの距離だけでなく、惑星大気の温室効果などにも依存するため、ハビタブルゾーンの推定値には研究者によってばらつきがある。太陽系の場合は、太陽からの距離が0・95天文単位（1天文単位（au）＝約1億5000万キロメートル）から1・4天文単位までとすることが多い。「天文単位」とは太陽と地球の間の距離を1とした距離の単位で、当然ながら地球はハビタブルゾーンに含まれるが、その他の惑星では火星が入るか入らないか、というところである。

◆地球は宇宙でありふれた存在なのか？

宇宙がビッグバンで誕生して以来、地球のような惑星が誕生するまでを駆け足で見てきたが、おかげで今や我々は「宇宙において、地球のような惑星はありふれているのか？」という疑問に答えを出すことができる。我々が知る地球には生命が存在しているが、それはとりあえずおいて、「ハビタブルゾーンに存在する岩石惑星はありふれた存在なのか？」という問いかけについていえば、その答えは疑いなくＹｅｓである。

ビッグバンで誕生した宇宙が膨張して冷却し、物質が自己重力で集まり始めると、必然的に恒星やその集合体である銀河が誕生する。だからこそ、我々が観測できる半径１３８億光年の宇宙には１０００億個もの銀河が散ばっていて、我々の銀河系はその中のありふれた１つにすぎない。そして太陽もまた、その銀河系に含まれる１０００億個もの恒星の中のありふれた１つである。これらは、現在までのさまざまな天文観測によって直接的に確立した、明白な事実といってよい。

恒星のまわりの太陽系外惑星となると、銀河や恒星に比べ、観測された数は格段に落ちる。そ

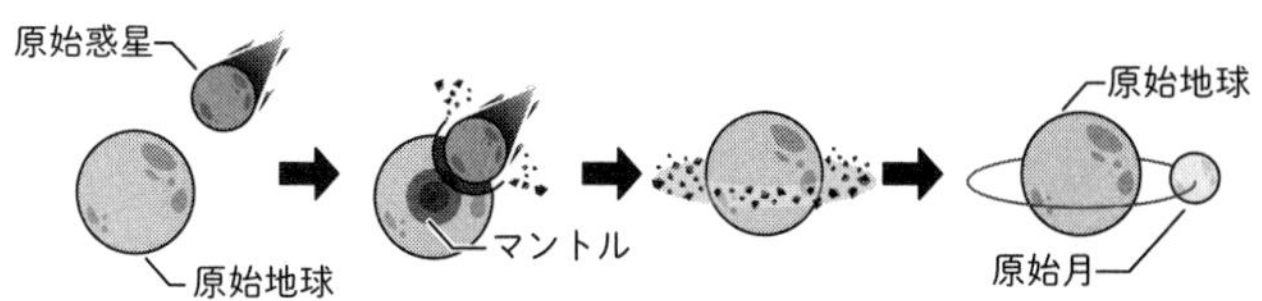

図4-11　ジャイアント・インパクト説の概念図

れでも、現在確立している太陽系の形成シナリオのなかに、なにか地球が特別珍しいものであると思わせる要素は見当たらない。太陽と同じように、重元素を適度に含んだ星間ガスから生まれた恒星ならば、雪線の内側にいくつかの岩石惑星が必然的に生じ、そのなかの一つ二つはハビタブルゾーンの中に位置しているであろう。系外惑星天文学の発展で、すでに5000個を超える太陽系外惑星が見つかっており、ハビタブルゾーンにある地球程度の質量の惑星も見つかり始めている。そうしたデータからは、恒星のおよそ10％程度は、ハビタブルゾーンの中に岩石惑星を持つという見積もりもなされている。

ひとつだけ、地球がやや珍しいものであるかもしれない点を挙げるとすれば、月の存在であろう。月はその大きさで地球の27％、質量で地球の1.2％ほどであるが、これは太陽系の惑星に付随する衛星の中でも例外的に大きな比率である。月の形成についてはよく知られているとおり、原始惑星が衝突や合体で成長するなかで、原始地球に火星ほどのサイズのもう一つの原始惑星が衝突して月ができたとする「ジャイアント・インパクト説」が有力である。惑星の形成過程を考えれば、こういうことが起きても特に不思議ではないが、どれだけの頻度で月のような巨大な衛星を持つ惑星が生まれ得るのだろうか？　最近の理論的な見積もりによれば、一声、10回に一度ぐらいの確率で、地球のように巨大な衛星を持つものが生まれるらしい。まずまず珍しいが、奇跡的な存在というほどでもなさそうだ。系外惑星天文学の今後の発展で、観測的なヒントもいずれ得られるかもしれない。

さて、この月の存在は地球生命にどのような影響を与えているのだろうか？　すぐに思いつくのは、潮汐力によって潮の満ち引きを起こしていること。それは一部の生命のリズムに影響を及ぼしているだろう。しかしそれ以上に重要なのは、月の存在によって地球の自転が安定しているということである。ご存知のように地球の自転軸は太陽まわりの公転面に垂直ではなく、23・4度だけ傾いていていて、それが季節を生み出している。この傾きの角度自体は長期にわたり安定していて、それが実は月のおかげなのである。月の重力によっていわばベルトで固定されているようなものだろうか。地球のように大きな衛星を持たない他の惑星、例えば火星の自転軸の傾きは10万年ほどの間に約10度も変化する。もし地球に月がなかったら、大規模な気候変動が繰り返されたはずである。

それが生命にどれだけ深刻な影響を与えたのか、それは仮定の話だけに本当のところはわからない。だが少なくとも、地球の生命圏の様相がまったく異なったものになったであろう。一方で地球生命は、雪玉地球や大量絶滅など、歴史上、大きな気候変動を何度も乗り越えてきた。そう考えると、月がなかったからといって、原始的な生命まで含めて生命がまったく存在し得なかった、というほどでもないのかもしれない。

月の話はともあれ、表面に液体の水を持つ岩石惑星の存在は宇宙にありふれている、ということは間違いなさそうである。つまり、原始生命発生の舞台となり得る惑星は宇宙に膨大な数で存在している。それでは、生命もまた宇宙に満ち溢れ、ありふれた存在……かどうかは、まだわからない。生命が存在できる環境が整っても、そこで生命が非生物的に発生する確率や頻度は、まったく別の問題だからだ。そしてそれこそが本書の主題であると同時に、ビッグバンから惑星誕生までをここまで克明に描き出せている現代科学をもってしても、ほとんど歯が立たないほどの難問なのである。次章からは、いよいよこの問題について考察をめぐらしていこう。

第五章

原始生命誕生のシナリオ——どこで、どうやって？

Florian Dussart - stock.adobe.com

◆生命の起源問題へのアプローチ

とにかく生命の起源というものは、わからないことだらけである。そんな状況だから、そもそもこの問題にどうやってアプローチするかを考えるだけでも悩ましいところがある。生命の起源に関する過去の文献を見ても、さまざまな研究者がさまざまな立場から切り込み、解説を試みているが、往々にして各自の専門分野からの観点に偏りがちである。むろん本書も、その傾向から完全に逃れることは難しい。それでもなるべく多角的な視点で、全体を広く眺めることを目標に、以下のような順序で話していきたいと思う。

まず、生命をつくるために必要な環境と材料について考え、そこから、原始生命誕生の場所として有力な候補をいくつか見ていく。これは前章で見てきた、宇宙の誕生、銀河と恒星の誕生、岩石惑星の誕生に続いて、原始生命が生まれるプロセスを時間の流れる方向に沿って考えていくものである。原子・分子のレベルからどう原始生命を組み立てるかという、「ボトムアップ」型のアプローチともいえる。

しかし残念ながら、現在の科学のレベルで、このアプローチだけから原始生命誕生のもっともらしいシナリオを描くことは不可能である。そうなるともう一つ重要なアプローチは、今の地球生命から出発し、進化の時間の流れをさかのぼり、最も原始的な生命とはどのようなものか、と考えていくことである。こちらは「トップダウン」的なアプローチといえよう。

そして、この二つの方向からのアプローチの最前線の間に横たわる未知の領域こそ、生命の起源という謎の核心である。山の両側から掘り進んだトンネルが最後に出会って開通するように、この二つのアプローチがつながったときこそ、人類が生命の起源を理解したと言える日であろう。まだまだその日は遠い。それでも、どうやってその二つをつなげるのか、具体的には、非生物的な物理・化学の世界と生物の世界をどうつなげるか、それを考えるのが生命の起源研究の最前線である。

◆原始生命をつくる最低必要条件～水と有機物

最初の生命はいったいどこで誕生したのか。どこで誕生したにせよ、地球生命に必須の環境と物質を考えれば、少なくとも二つの必要条件を満たしていなければならない。すなわち、生化学反応の必須の舞台である液体の水がある場所で、さらに生命の構成物質であるアミノ酸、核酸塩基、脂質など、いわゆる有機物が存在していたはずである。

前章で見たように、水が液体として存在「できる」岩石惑星自体は、太陽のような恒星のまわりに無理なく生まれると考えられる。だが、そもそも岩石惑星に水が存在「する」かどうかはまた別問題であり、地球の海水がどこから来たかは、意外と難しい問題らしい。なぜなら岩石惑星は雪線の内側、つまり水分子が氷として存在できず、水蒸気に昇華してしまっている領域で形成されるからである。雪線の内側で形成された微惑星は基本的に水を含まないので、それが集合体してできた岩石惑星にも水が存在しないということになる。

それがどうして地球には海があるのか。地球科学の中でもまだ完全には解明されていないようだが、有力な説は、小惑星や彗星からもたらされたというものである。火星と木星の間に多数存在する小惑星の中には、雪線の外側のものもあり、水を含むことができる。さらに遠方からやってくる彗星は塵と氷の塊であり、水を豊富に含んでいる。これらが誕生直後の地球に降り注いで、水を供給したと考えられている。地球は水の惑星といわれるが、海水の総量はおよそ1・4×10^{21}キログラムで、これは地球の質量の0・02％にすぎない。この程度なら、雪線の外側から降り注ぐ小惑星や彗星で説明可能ということのようである。いずれにせよ、原始生命に必要な水は地球誕生直後から豊富にあったと考えてよかろう。

一方の有機物はどこでどのように用意されたのか。有機物（organic matter）の名称はorganism（生物）から来ていて、元来、生物の体を構成する、炭素を含む複雑な化合物として19

世紀に定義されたものである。岩石を構成する鉱物（無機物）に対する概念であった。有機物と無機物の性質で最も対照的な違いは、その作りやすさであろう。鉱物は地球を作った岩石質の物質が、ドロドロに融けたマグマの状態から冷えていく過程で自然にできるものである。当然、地球にはありふれて存在する。しかし有機物は自然にはなかなか作られない。そもそも有機物という概念は、生物しか作れない物質として定義されたほどである。その後、人工的にも有機物が作られるようになり、有機物は生命だけに許された専売特許ではなくなった。それでも、岩石や無機物に比べて自然界で作ることが容易ではないことに変わりはない。

ではなぜ、有機物は簡単に作られないのか。すでに述べたように、有機物を作るにはエネルギーがいるからだ。換言すれば、有機物は「燃料」のようなもので、火をつけるなど何らかのきっかけを与えれば燃えて（より正確には酸素で酸化されて）エネルギーを生み出す。岩石のような無機物ではそのようなことは起きない。石油や石炭が燃料となるのも、それらが元々、生物起源つまり有機物であったからだ。

生命現象はエネルギーを必要とするから、エネルギーを内包している有機物で生命を作ることは実に理にかなっている。自動車においてエネルギーを生み出すのはエンジン一ヵ所だけだが、生体内ではさまざまな場所でエネルギーを生み出す化学反応が起こり得るのである。エネルギー的に枯れ果てた岩石鉱物などをいかに組み立てても、生命現象は起こらないであろう。

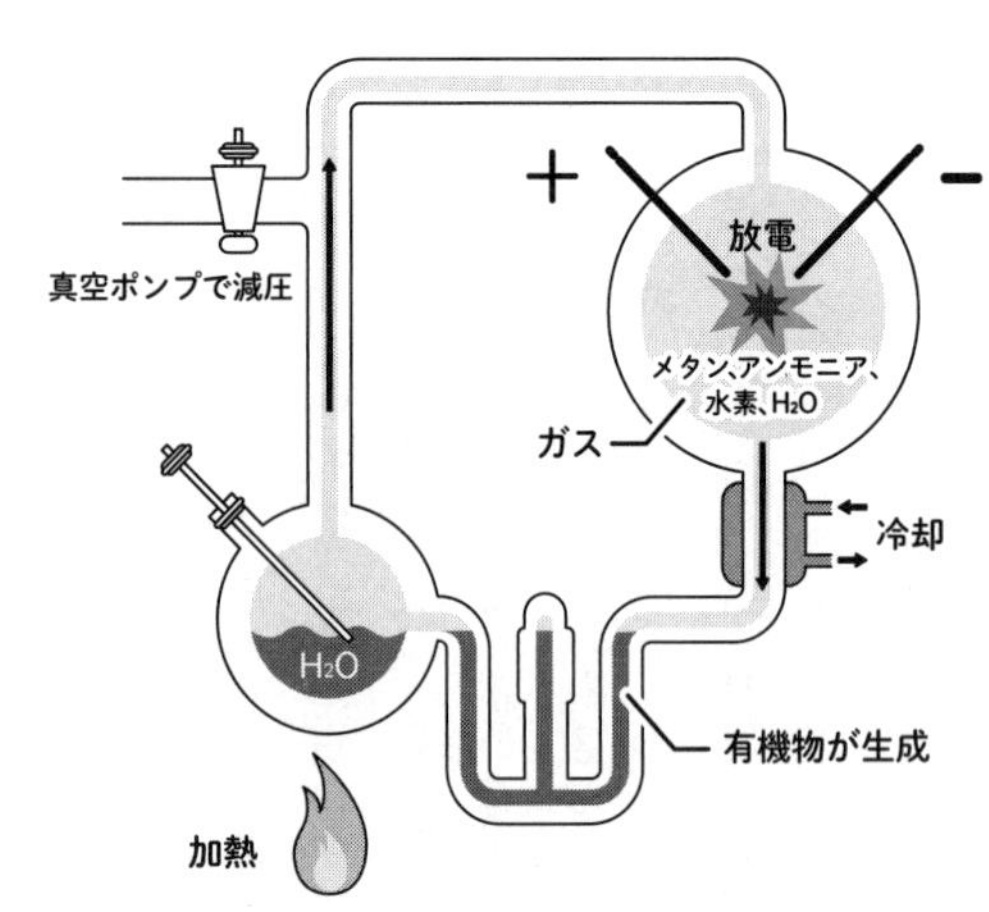

図5-1　ミラー・ユーリーの実験の模式図

つまり有機物は、宇宙のどこにでも簡単に生まれるものではなく、何らかのエネルギー源が存在している場所でなければ作られない。まずはその条件から、宇宙において生命が誕生しそうな場所を絞り込んでいこう。

◆ミラー・ユーリーの実験

生命の起源についての研究の歴史を語る際、必ずといっていいほど取り上げられる有名な実験がある。米国のスタンリー・ミラーがその師ハロルド・ユーリーと１９５３年に行ったもので、生命に必要なアミノ酸等の有機物が非生物的に作られることを示したものである。

彼らは原始の地球の大気と海洋を想定して、密閉されたフラスコの中の水素、メタン、アンモニアを含むガスに水蒸気を加え、雷を想定して電圧をかけて放電させることを続けた。そして冷えた水蒸気は雨のように水滴となってフラスコの底にたまる。これを一週間ほど続けると、底にたまった水溶液には有機物、特に生命の素材であるアミノ酸が生成されていたというものである。地球の原始大気において、雷をエネルギー源として有機物が生成され得ることを示している。

ただし現在の地球科学の知識では、原始大気の成分はミラーらが想定したものとは相当異なっていたと考えられている。ミラーらが想定した水素、メタン、アンモニアといった物質は水素を多く含み、一方で酸素は含まれない。化学でいう、還元性の強い物質である。還元は酸化の逆で、酸化というのはようするに酸素と反応することである。酸素は他の原子と結合する力が強く、結合した物質は結合エネルギーを外に放出して安定化する。いわゆる、「燃える」という現象だ。水素、メタン、アンモニアなどは酸素を含まないため、他の物質から酸素を奪い取って自らが酸化されると同時に、相手の物質を酸化された状態から「還元」する。

有機物を作る上で、酸素は大敵である。酸素と反応すれば、有機物の主成分である炭素と水素はそれぞれ二酸化炭素と水に変わり、せっかく作った有機物が失われてしまうからだ（我々がふだん行っている呼吸も然り）。その意味で、還元性の強いガスを用いたミラーらの実験は、はじめから有機物を作りやすい状態を設定していたことになる。

地球型惑星は、砂や岩のような物質が集まってできたものであった。そこには酸素は多く含まれる（例えば岩石の主成分は二酸化ケイ素である）が、水素は比較的少ない。これは宇宙全体、あるいは太陽（および原始太陽系星雲のガス）の主成分が水素であるのとは対照的である。木星など雪線の外側の巨大惑星は最終的に原始太陽系星雲のガスをその大気としてまとうので、大量の水素を取り込むことになる。しかし雪線の内側の岩石惑星の大気の主成分は、岩石がぶつかってドロドロに融けたマグマから気化してできたものであり、二酸化炭素や窒素酸化物など、酸化的なものであったと現在では考えられている。そのような環境では、ミラーの実験ほど大量の有機物は作られない。

それでもミラーの実験は、適当な材料とエネルギーさえ用意してやれば、タンパク質や核酸の構成単位であるアミノ酸や核酸塩基などの有機分子が非生物的に生成され得ることを示したという意味で、その歴史的意義はやはり大きいというべきであろう。

◆暖かな小池

ここで話はさらにさかのぼる。進化論で有名なかのダーウィンは、その進化の出発点となる生命の起源についてでは、積極的に論文を書こうとはしなかったといわれている。大ダーウィンにとってすら、生命の起源とはあまりにも難しい問題であったのかもしれない。ただ、1871年に知人に宛てた手紙でこんなことを述べている。

「もし……いや、本当に大きな『もし』ですが、小さく暖かな池があって、そこにアンモニアとリン酸塩、それに光、熱、電気などがあれば、タンパク質の化合物が合成されて、さらに複雑な物質に変化していくかもしれません。今の地球でそのようなことが起きても、それらはすぐに生物に食べられたり吸収されたりするでしょう。でも生命が現れる前の地球ではそうはならないはずです。」

ダーウィンが生命の起源についてどのように考えていたのか、これ以上はよくわからない。だがミラーの実験の発想と同じで、水があり、有機化合物の材料があり、さらにエネルギー源さえあれば、生命の構成物質となる有機分子ぐらいは作られるだろう、と考えていたのではないだろうか。ミラーの実験は１９５３年に行われ、当時、生命の起源研究に大きな影響を与えたわけだが、その本質的な考えは、１８７１年の時点ですでにダーウィンが構想していたともいえる。さすがとしかいいようがない。

いずれにせよ、陸上の池や沼、あるいは海岸の浅瀬が、原始生命誕生の場所として有力候補であることは間違いないだろう。また、有機物やさらに複雑な化合物を合成していくためには、材料となる物質分子の密度が高いほうが都合がいい。その点でも、池や浅瀬というのは有望である。例えば、小さな水たまりの水は容易に蒸発して、水量を大きく減らすことがあるだろう。その際にさまざまな分子が濃縮されて、合成反応が促進されると期待される。一日のあいだの温度変化や潮の満ち引きによって、水量の変化とともに物質濃度が大きく変化するサイクルが、原始生命誕生のための化学反応にとって本質的であったかもしれない。

◆海底の熱水噴出孔

浅瀬ではなく、海中や深海底で生命が誕生したとする説もある。とりわけ有力なのが、熱水噴出孔と呼ばれるものである。地球上で火山活動の活発な領域に見られるもので、海底近くまで上がってきたマグマによって海水が数百度にも熱せられ（高い水圧のため、これほどの温度でも沸騰しない）、海底の岩石の切れ目から噴き出している。ものによっては、黒い煙や白い煙が噴き出しているように見え、ブラックスモーカーとかホワイトスモーカーなどとも呼ばれている。熱水噴出孔では普通の深海底に比べて生命活動が活発で、独特な生態系が構築されている。

なぜ、この熱水噴出孔が原始生命誕生の場所として有望なのか。まず、有機物を生み出すために必要なエネルギーがあることは、海水が地熱によって高温に熱せられていることから明らかである。さらに噴き出す熱水には、炭酸ガスに加えて水素や種々の重金属イオン、鉱物が豊富に含まれている。水素が豊富、つまり還元的であることが重要で、これは有機物を生成するうえで適した環境といえる。実際、熱水噴出孔には有機物が豊富に存在し、また熱水噴出孔を模した実験でも、有機物の合成が確かめられている。噴き出した熱水が周囲の海水に触れて一気に冷やされる過程で、さまざまな化学反応が進むらしい。

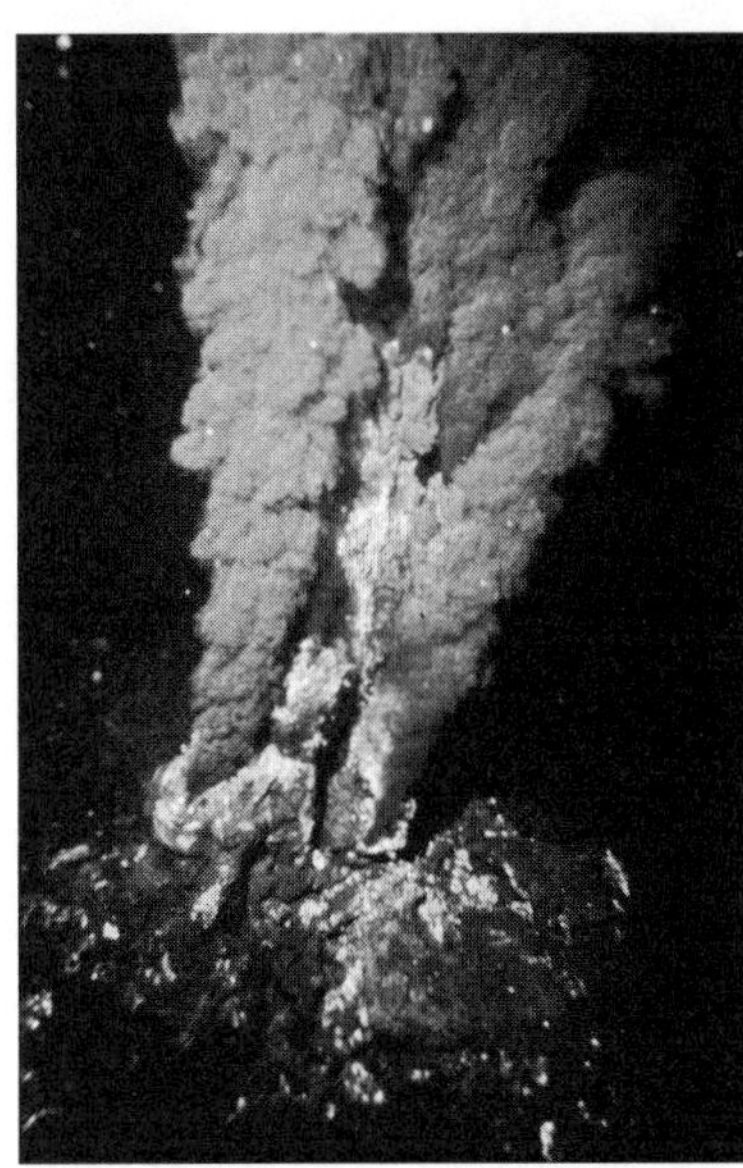

図5-2　ブラックスモーカーと呼ばれる熱水噴出孔　(OAR/National Undersea Research Program (NURP); NOAA)

もう一つ、この熱水噴出孔が有望視される理由は、ここに生息する生物の特徴である。すべての地球生命の進化系統樹の根本、つまり最初の生命に最も近いところを見てみると、そこには超好熱菌と呼ばれる生物が多い。約50度以上の高温でも生息できる微生物を好熱菌といい、古細菌の多く、また、真正細菌の一部が含まれる。その中でも80度以上の高熱に耐えられるものを超好熱菌と呼び、知られている中で最も耐熱性の高い古細菌の一種は１２０度もの高温に耐えられるという。どろどろに融けたマグマオーシャンが固まって陸地ができたばかりの原始の地球でも、やはり温度は今よりずっと高かったであろう。そうなると、地球で最初に現れた生命もまた、高温の環境下にあったのではないかと考えたくなる。となれば、熱水噴出孔が有力候補となるのは当然である。

◆宇宙空間での有機物生成

そしてもう一つ、原始生命の材料となった有機物の生成場所として有望視されているのが、意外に思われるかもしれないが、宇宙空間である。実は、筆者のように天文学の世界に身を置いている人間にとっては、宇宙空間に存在する有機分子の話を聴くのは日常茶飯事である。銀河系の中の星間空間を満たす希薄な星間ガスにはさまざまな有機分子が含まれていて、その分子は回転したり、また分子の中で結合した原子間の間隔は振動したりしている。こうした回転や振動のエネルギーが量子力学的に変化すると、その分だけ、特定の波長の電磁波（スペクトル線）を吸収したり放出したりする。そうした電磁波は目に見える光よりずっと波長が長く、電波の波長帯に多く見られる。

そんなわけで、電波天文学によるスペクトル線の観測により、星間空間にはさまざまな種類の有機分子が発見されている。星間空間には恒星からの紫外線などのエネルギー源があり、それを用いてさまざまな化学反応が起きているのである。そして、地球上では他の物質とすぐに反応して失われてしまうようなレアな有機分子も、星間空間には存在しうる。星間空間のガスはほとんど真空に近い希薄さなので、そうしたレアな分子が失われる反応も起きにくいからだ。

宇宙空間のみならず、星間塵や、それらが集積してできた小惑星や彗星の表面も、化学反応の現場として特に重要である。宇宙空間で分子と分子が直接ぶつかって反応が起こる場合、その運動エネルギーは反応の前後で保存しなければならないという制約がある。これが化学反応の自由度を制限しているのだが、星間塵の表面であれば、余分なエネルギーは（分子に比べて）巨大な塵の表面を通じて逃がすことができて、化学反応の自由度が飛躍的に高まるのである。

こうした理由で、宇宙空間、特に星間塵にはさまざまな有機分子が存在している。太陽系内に存在する小惑星や彗星に多量の有機分子が含まれていても、驚くべきことではない。実際、地球に落ちてきた隕石からも、多くの種類の有機物が見つかっている。1969年にオーストラリアに落下した有名なマーチソン隕石からは、80種類を超えるアミノ酸が見つかっている。地球に接近した彗星に送り込まれた探査機でも有機分子を検出している。記憶に新しいのは、探査機「はやぶさ2」が小惑星「りゅうぐう」から採取して地球に持ち帰ったサンプルからも、数十種類のアミノ酸が見つかったというニュースだ。ちなみにこのニュース、「地球外ではじめてアミノ酸を検出」というような見出しで話題となったが、正確にいえば、上述のように地球外のアミノ酸の存在自体は以前から知られている。地球外から人類が持ち帰ったサンプルからははじめて、ということである。

原始の地球においても、有機物を含んだ塵や隕石、彗星のかけらなどが地上に降り注いだことは想像に難くない。隕石の表面にある有機物は大気圏に突入する際の熱で失われてしまうだろうが、隕石の内部にあるものは生き残るだろう。また、サイズにして0・1ミリメートル以下の宇宙塵粒子は、大気圏に突入してもあまり高温にならない。軽くて減速されやすいので、地球の大気にふわっと着陸してゆっくりと地上に降ってくるのである。そうした宇宙の塵は現在の地球でも、年間にして数万トンという量で降り注いでいるといわれている。こうした塵もまた、生命の材料となった有機物の供給源として有力な候補であろう。

◆最初の生命はどこで生まれたのか

生命の材料となった有機物の供給源として、さまざまな可能性を述べてきたが、それらが供給できる量としてはどんなものだろうか。雷や深海底、さらには宇宙といった特殊な環境であるうえに、現代ではなく生命が生まれた頃の原始地球における生成量を考えるのだから、正確な予想は難しい。どう頑張って見積もっても、2~3桁（つまり100倍、1000倍）の誤差はあるものと考えたほうがよい。それを頭に入れた上で、ある見積もりによれば原始の地球において、雷によって年間3万トン、熱水噴出孔からは10万トンの有機化合物が生み出された。一方の地球外からは、惑星間塵によって20万トン、さらには彗星によって1億トンもの有機化合物が地球にもたらされたという。単純にこの数字を信じれば彗星が最も有望ということになるが、すでに述べたとおり誤差の大きい見積もりであるから、これらの数字を比較して「どこがいい」という議論をできるほどのものではない。

では、原始生命が誕生するためには、どれほどの有機物が材料として必要だったのだろうか。これまた、見積もりが難しい話である。現在の地球に生きている全生物の質量は、体内に含まれる炭素で勘定して５５００億トンであるが、もちろん、これほど大量の有機物はまったく必要ない。現生生物として存在している有機物のほとんどは、生物が太陽光などのエネルギーを使って自ら作り出したものである。原料となる炭素と水素は、二酸化炭素や水などの無機物の形で地球に大量に存在している。一度生命が誕生してしまえば有機物は勝手に増えていくわけだから、原理的には、最初の生命細胞ひとつを生み出すのに必要な程度の有機物が原材料としてあればよい、ということになる。もちろん、材料の有機物が多ければ、それに比例して原始生命誕生の確率は上がるだろう。しかし環境が異なれば、有機物の量が同じであっても誕生の確率は大きく変わるであろう。結局のところ、非生物的に作られる有機物の量が最も多いところが原始生命誕生の場所として最も有望である、というような単純な話にはならない。

地球のどこかで原始生命が誕生したとするなら、陸上の水（水たまり、池、浅海）も、深海の熱水噴出孔も、どちらも有力候補で甲乙つけがたい。熱水噴出孔の良い点はすでに述べたが、一方で弱点も存在する。簡単な有機分子を作るところまではいいが、そこから先、タンパク質や核酸など、複雑な生命を組み立てていくためには、作られた有機物が高濃度で密集している必要がある。しかし熱水噴出孔から噴き出した水は周囲の海水にすぐに混ざってしまうだろうから、せっかく作った有機分子はむしろ希釈されるはずである。この点では、水の蒸発などで濃度が高くなることが期待できる陸上の池や水たまりのほうが有利であるようにも思える。進化系統樹の根本に近い原始的な生物は超好熱菌が多いという点についても、熱水噴出孔にかぎった話ではなく、陸上でも温泉や間欠泉など、火山活動に起因して高温の水が湧き上がっている場所が考えられる。

ほかにもさまざまな要素を考えなくてはならない。例えば、原始の地球には紫外線を遮蔽するオゾン層がなかっただろうから、紫外線が地上に降り注いでいたはずである。紫外線は有機物生成のエネルギー源にもなるが、一方で、タンパク質や核酸などの生体高分子を破壊してしまう。この点では海底の熱水噴出孔のほうが有利となるが、しかし陸上でも岩陰などで紫外線が遮蔽される環境も十分に考えられる。

実はここまでの話は、ある大きな前提の上に立ったものであった。「原始生命は地球で誕生した」という前提である。しかしこれすらも、正しいかどうかはわからない。原始生命は地球で誕生したのではなく、宇宙からもたらされたとするパンスペルミア説というものがある。生命の材料となる単純な有機物が宇宙からもたらされただけでなく、生きた細胞そのものが宇宙からやってきたというのである。しかもこの仮説の歴史は古く、古代ギリシャでもそのような考え方が議論されていたらしい。近代科学としても、1903年にスウェーデンのノーベル賞化学者であるスヴァンテ・アレニウスが提唱したことが有名である。それ以前にも、物理学、特に熱力学の大家である英国のウイリアム・トムソン（爵位からケルビン卿とも呼ばれ、絶対温度の単位「ケルビン」の由来となった〔第一章参照〕）やドイツのヘルマン・ヘルムホルツらがこの考えを支持した。20世紀後半には、当時の天文学界の世界的大御所である英国のフレッド・ホイルや、ワトソンとともにDNAを発見したフランシス・クリックもまた、この説を真面目に支持した。まあ、なんと絢爛たる顔ぶれではないか！

このような説を考えるのには、一つ大きな理由がある。地球が誕生してわずか5億年程度という早い段階で、地球に生命が現れたという事実である。材料となる簡単な有機分子が原始地球にあったのはいい。だが、それが組み上がって生命となるにはまだまだ飛躍がある。それが非常に困難なことだと考える立場からすれば、46億年の地球の歴史の中で、そのような初期に生命がすでに生まれていたということは奇妙なのである。もし、生命は地球の外にすでに存在していて、隕石に付着した微生物の形で原始地球に降ってきたと思えば、少なくともこの点は解決する。

だがもちろん、生命の起源ということについていえば、パンスペルミア説はなんの解答にもなっていない。いわば問題解決を先延ばし（というか、地球誕生以前に前倒し？）にしたようなもので、起源は問わずに地球に生命が現れた経緯のみを考えるという立場である。

いずれにせよ、原始生命の誕生に必要な有機物が作られそうな場所は、地球にも宇宙にもいろいろある。化学反応とは、ようは原子分子の組み換えである。外からエネルギーを注入できる環境さえあれば、アミノ酸程度の複雑さの有機分子も一定の割合で生成されるということであろう。

では有機物が生成され得る場所のうち、実際に地球生命の祖先が誕生した場所はどこなのか？ それは大変興味深いことではあるが、生命の起源における難問というほどのものではない。現時点でいくつかの有力な候補が存在しており、そのどれかというのがわからないだけで、どれであってもさほど不思議なことではない。具体的にどれかに決めることは、原始地球の環境が失われた今となっては大変難しく、研究者の間の議論も、自分の専門に近い領域に引き込もうという「我田引水」的な争いになりがちである（そしてそれは古今東西を問わず、研究者の性ともいえる）。

◆右巻き・左巻きの起源？

ここで、アミノ酸とＤＮＡの光学異性体に関する不思議な非対称性について思い出していただきたい。地球生命はなぜか、アミノ酸はもっぱら左巻き、核酸はもっぱら右巻きのものだけを用いているのであった。これまで見てきたとおり、自然界において非生物的に有機分子が作られるような場所やプロセスはそれなりにある。だがほとんどの場合、そうした有機分子は右巻きと左巻きと同じ量だけ生成される。そのような環境で、どうやって右巻き、あるいは左巻きだけの分子だけが選ばれ、集まり、原始生命となったのか。まことに不思議である。

若干の左右非対称性が非生物的に生まれる場合も知られている。例えば、銀河系の星間空間には恒星からの光が飛び交っているが、それらは塵粒子に散乱されるなどの過程で偏光という現象を起こす。光もまた、右巻きと左巻きの二成分があり、多くの場合、両者がほぼ同じだけ混じっているのであるが、そのバランスが崩れるのが偏光である。この偏光した光をエネルギー源として宇宙空間で有機物が作られる場合、光の左右非対称性を反映して、有機物の左右対称性も崩れることが知られている。ただし、ほとんど100％右巻き（あるいは左巻き）の分子を生成するというようなものではなく、せいぜい、どちらかが数％ほど多い、というレベルである。現在のところ、完全に右巻き、あるいは左巻きのみの分子を用いている生命の非対称性に対する満足な説明は皆無である。左右非対称の起源はやはり、有機分子が組み立てられて最初の生命となるプロセスにこそ隠されているように思える。

この問題は生命の起源における最大の難問を象徴しているといえよう。それはつまり、生命がどこで生まれたかとか、材料の有機物がどこで作られたかではなく、むしろ、単純な有機分子がどのように結合し、組み立てられて、複雑な遺伝情報を獲得し、自己複製する生命に発展していったのか、ということである。この問題に迫るために、今度は山の反対側からトンネルを掘る、すなわち、地球生命の進化系統樹をさかのぼり、最も原始的な生命あるいは生命的な活動をする生体高分子について見ていこう。

◆最初の生命にどこまでさかのぼれるか

地球生命の進化系統樹を見ると、当然ながら、多細胞生物や、細胞の中に核などの構造を持つ真核生物は系統樹の上の方にいて、根元の方にはより単純な生物である原核生物(真正細菌もしくは古細菌)がいる。すでに述べたように、根元付近には高温の環境を好む超好熱菌と呼ばれるものが多い。最初の地球生命はこれらに似た、そしてさらに単純な生命体であったことは想像に難くない。

ただ、いくら単純な生命体といっても、それが非生物的な化学反応で簡単に生まれるかどうかは、また別の問題である。生物の単純さ・複雑さの指標として、第三章で見たゲノムサイズをあらためて見直してみよう。我々ヒトのゲノムサイズは30億塩基対であり、真核生物は最小のものでも200万塩基対もの遺伝情報を持つ。一方、原核生物は10万から1000万塩基対ほどであった。最初の地球生命が最も単純な生物であるという考えに立つなら、そのゲノムサイズは10万ほどかそれ以下ということになる。この10万塩基対のなかには遺伝子は100個程度含まれるというから、およそ１００種類ぐらいのタンパク質で作られた生物ということになる。いくら最も単純な生物とはいえ、これほどのものがいきなり、非生物的に作られるものだろうか？

それはかなり難しそうに思える。だが、いきなりこれほどの生物を無から作る必要はない。進化系統樹の根元、ということは、地球の全生物の共通の祖先であるというだけで、それよりさらに前の進化史があってもかまわない。進化系統樹の根元の生物は、英語では last universal common ancestor（ＬＵＣＡ）とも呼ばれていて、これは全地球生物に共通の祖先のうち、最も新しいものという意味である。最初に誕生したのはさらに原始的な生命で、そこからＬＵＣＡにまで進化してきたというほうが現実的であろう。

第三章で見たとおり、完全な生物とはいえないウイルスはさらに小さなゲノムサイズ（最小で１０００塩基対ほど）を持っており、さらに原始的なウイロイドは２００塩基対ほどであった。そして、後で詳しく述べるが、実験室で確認されている「活性を示すＲＮＡ」の長さは１００塩基対ぐらいまでに小さくなる。恐らくこのあたりが、何らかの生命的な活性を示すために必要な最短のゲノムサイズということになりそうである。最初に誕生した生命、あるいは生命の原型のようなものは、これくらいの遺伝情報から出発したと考えるのが自然であろう。

◆遺伝情報の「誕生」と「進化」

ヒトのゲノムサイズは30億塩基対。100塩基対程度の最初の生命から出発して、40億年ほどの時間をかけてここまで進化してきたことになる。30億と100の違いに比べれば、最初の生命がゼロから誕生する、つまりゲノムサイズをゼロから100塩基対にするのは、一見、さほど難しくないと思われるかもしれない。ところがそうではないのである。

一度ゼロから生命が誕生しさえすれば、進化が始まる。何万、何億という世代交代を重ねるうちに、ごくわずかな変化が積み重なって、多様な生物に進化する。その結果、40億年でゲノムサイズが100から30億に増えることは、実は驚くほどのことではない。少し数字で遊んでみよう。生物の世代交代にかかる時間はさまざまだが、微生物なら数十分で2倍に増えるものもあるので、例えば1日で世代交代が起こるとしよう。40億年で、1・4兆回の世代交代があったことになる。1回の世代交代で、一定の割合で、ゲノムサイズが少しずつ大きくなるとしよう。1・4兆回で100から30億塩基対に増えるためには、1回の世代交代で、子のゲノムサイズが親の長さの1000億分の1だけ長くなるというペースでよい。「塵も積もれば山となる」というやつで、きわめて稀な突然変異を積み重ね、少しずつゲノムサイズが大きくなれば、膨大な数の世代交代の間にゲノムサイズがこれほど大きくなるのである。

一方、ゼロから最初の生命を作るときには、「進化」という強力な武器を使うことはできない。わずか1塩基、つまり核酸の単位であるヌクレオチド（あるいはタンパク質の単位であるアミノ酸1つ）から出発して、じわじわと長さを伸ばして１００塩基に到達できるなら話は簡単だ。だがわずか1塩基、あるいは5とか10塩基に連なった分子を作ったところで、自己複製による進化はおろか、なんの生命的な活性も示さない。進化というのは親を基本にして、わずかに改変して子を作るというもので、その本質は足し算というよりはかけ算なのだ。０に１を足して１にすることは簡単だが、０に何をかけても1にすることはできないのである。

核酸やタンパク質が構成単位一つずつでバラバラの状態から、「進化」を可能とするぐらいの「原始生命」が期待できるぐらいの長さにまでどうやってつなげるか。それこそが、生命の起源における最大の難問といえる。

◆最初の生命はいかにして生まれたのか

いよいよ、本書のヤマ場にさしかかってきた。まったく生物が存在しない状態から、物理法則にもとづく非生物的な化学反応によって、どうやって１００塩基ほどの遺伝情報を持つ最初の生命が誕生したのか？　その具体的なプロセスこそ、我々が答えを知りたい究極の謎である。さまざまな仮説が提唱されているが、むろん、確立したものは一つもない。ここではそうした諸説を一つ一つ解説することはやめて、なるべく一般的な考察を展開していくという方法をとろう。

すべての生命が持つ基本要素として、遺伝（自己複製）、代謝、膜の三つがあった。これらがどのように始まったのかを考えることが、まずは出発点となろう。三つのなかでも、代謝（的なもの）は最初期から始まっていたと考えるのが自然である。代謝とは、生命が外界から物質を取り込んで、エネルギーを得たり自らの体を作ったりするために体内で起こしている化学反応の総称であった。定義上、生命が誕生する前の化学反応は厳密には代謝とはいわないが、無生物状態から原始生命が誕生する過程で、さまざまな化学反応が起きたことは間違いないであろう。それは原始生命が誕生して以後の代謝にまで連続的につながっていたはずである。

細胞膜の起源も、ある程度想像することはできる。第二章で述べたように、両親媒性の分子が水中に多数存在すると、疎水基をなるべく水に触れさせないように集まって、自然に膜状の構造をとる。無限に広がった平面上の構造は現実には難しいから、一つの安定な存在形態として膜が球状の構造をとり、球の外と内側は水が満ちているものが考えられる。小胞と呼ばれるものである（第二章図2－6）。

さらには、細胞分裂のような現象も起こりうる。膜を構成する分子が供給されれば、膜の表面積が増えていく。このとき球の形を保つためには、小胞の大きさ（半径）に対し、膜の面積はその2乗、中の体積（水）は3乗で増えていかなければならない。しかし膜分子の供給と水が膜を浸透するスピードの兼ね合いによっては、小胞の表面積と体積が同じスピードで増えていく場合もあろう。その場合、大きくなるとともに小胞の形は球形から崩れ、ひしゃげていくはずである。そして面積も体積も二倍になったところで、膜に働く表面張力などの影響で、２つの球状の小胞に分裂する。そんな現象は理論的にも予想できるし、そのような実験も行われている。あたかも細胞が分裂するように、小胞が自己複製を行っていることになる。

では、これは生命といえるのだろうか？　答えはもちろんＮＯである。膜は二次元平面という整った構造を持っているが、単一の種類の膜分子がひたすらつながって膜をなしているだけであり、そこに含まれる情報量は小さい。膨大な枚数の原稿用紙に文字を書けるとしても、使える文字が「あ」の１種類だけでは、なんの情報も持たせることはできない。ＤＮＡの遺伝情報は４文字種が自由に連なった文章であり、それが膜との決定的な差である。膜構造はたしかに生命の重要な要素ではあるが、それだけではいわゆる「仏つくって魂入れず」というものであろう。高度な遺伝情報が一体どうやって生み出されたのか、やはりそれこそが、生命の起源の謎の本丸である。

◆遺伝情報の起源とＲＮＡワールド

現在の地球生物の遺伝情報はＤＮＡに保存されていて、それをもとにタンパク質が組み立てられる。つまり、同じ遺伝情報がDNAにもタンパク質にも含まれているといえる。遺伝情報がどうやって誕生したかは、DNAやタンパク質がどのように地球に現れたのかを考えればよい。では、DNAとタンパク質はどちらが先に現れたのか。当然、設計図であるDNAが先だろうと思いがちだが、そう簡単な話ではない。タンパク質は設計図であるDNAがないと作れないが、一方でDNAの複製にはタンパク質の酵素が必要であるため、どちらの生産にも相手が必要という「鶏と卵」の問題に直面してしまうのである。

だが実は、この問題を解決してくれる有力な仮説がある。それがRNAワールドである。RNAは、DNAの遺伝情報を仲介し、タンパク質の組み立ての鋳型となるものであった。いわばDNAとタンパク質をつなぐ存在であり、ならば最初に現れたのもRNAだったのではないか、というのは自然な発想である。それだけではない。二本鎖のDNAはもっぱら遺伝情報の保存という役割しか果たさないのに対し、一本鎖のRNAは複雑な立体構造をとり、それによって生体内の化学反応を促進するという、タンパク質の酵素のような働きをすることがわかっている。酵素（エンザイム）として働くリボ核酸、すなわちリボザイムである。

つまりRNAはDNAの遺伝情報保存機能と、タンパク質の代謝機能の両方を持っているということになる。であるならば、RNAだけで生命維持に必要な代謝と自己複製のすべてを行う生命体が可能なのではないか、という希望が出てくる。そしてきわめつきはリボソームである。こ

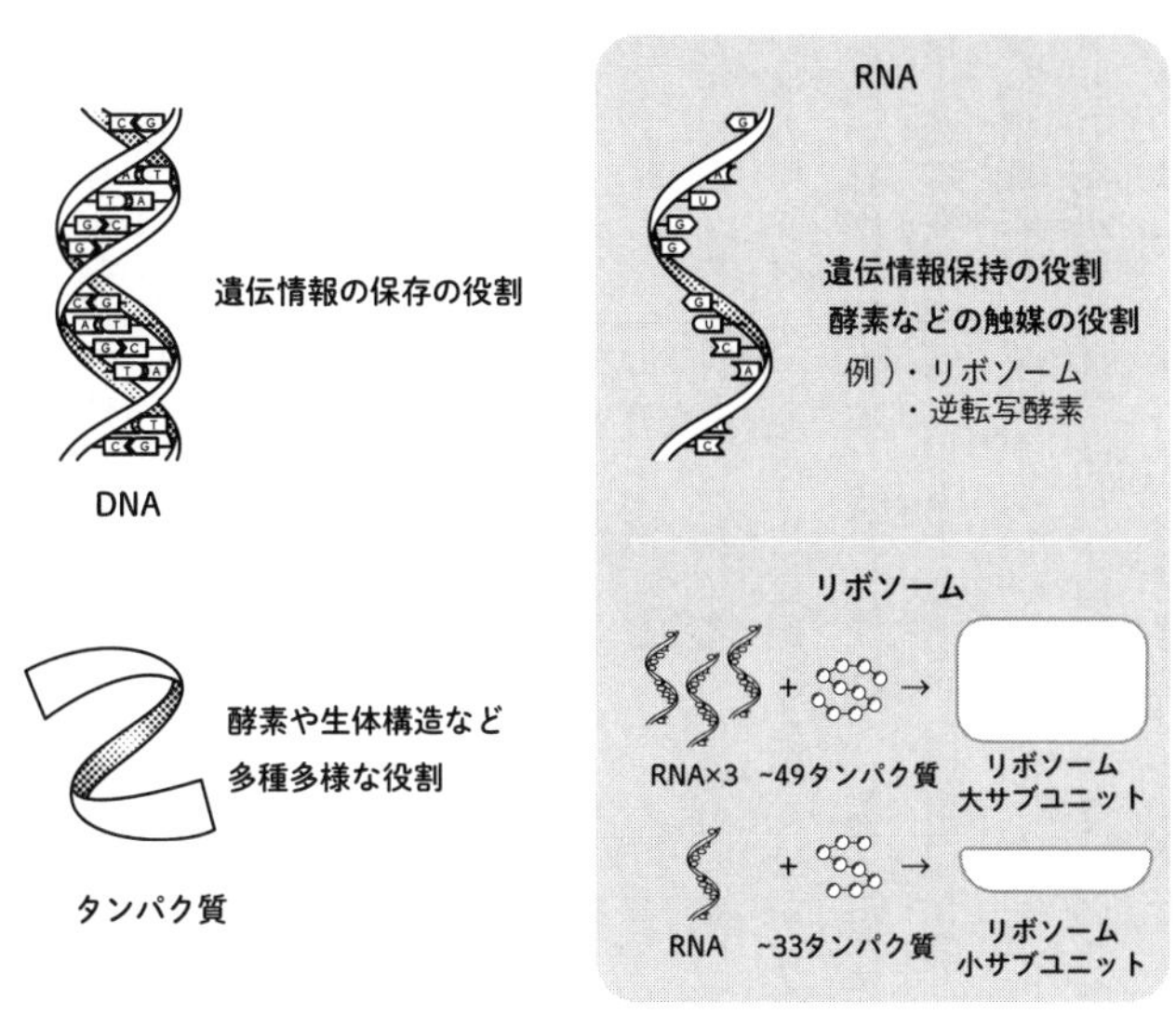

図5-3　RNAとリボソーム

れはすべての地球生命に共通して、RNA上の遺伝情報にもとづいてタンパク質を組み立てる工場ともいうべきもので、生命現象の根幹を担うものであった。このリボソームの構造が解明されると、驚くべきことが判明した。外縁部にこそタンパク質も見られるものの、リボソームの機能の中枢を担う中心部はRNAでできていたのである。つまり、リボソームもまた「リボザイム」の一種であるということだ。

　ここまで状況証拠が出揃うと、タンパク質、RNA、DNAの誕生の歴史は以下のようなものと考えるのが自然である。まず、RNAだけでできた生命が誕生し、進化が始まった。しかしRNA

は、遺伝情報保持と代謝の両方の機能を持つとはいえ、その能力はかぎられる。タンパク質のほうがより複雑で多様な立体構造をとることができ、生命体に有用なさまざまな酵素を作ることができる。一方、DNAは二本鎖構造をとることで安定化し、RNAよりも高い情報保持機能を持つ。こうして進化の過程で、代謝はタンパク質に、遺伝情報はDNAに受け持ってもらうような形に進化してきたというわけである。

ここで、第二章で述べたDNAとRNAの違いについて思い出していただきたい。DNAで用いられている4種の塩基はA、C、G、Tであるのに対し、RNAではなぜかA、C、G、Uという違いがあった。なぜこのようなことになっているのだろうか？　RNAワールドから進化してきたのなら、DNAもA、C、G、Uでよいのではないか？　だが実は、遺伝子の記憶装置としてはU（ウラシル）を用いるのは都合が悪い事情がある。DNAの中の一つの塩基が自然に他のものに変異してしまうことがあるが、なかでもC（シトシン）がUに変異してしまうことは特に高い確率で起こる。A、C、G、Uで遺伝情報を記述していると、このような変異が起きた後、その変異塩基Uはもともと正しい遺伝情報として保存されていたUと区別がつかず、正しい遺伝情報に戻すすべがない。

ところがDNAではUに代えてT（チミン）を用いているため、Cが変異してUが現れても、そのUは正しくはCなのだと認識できる。そこでDNAを修復する機能を持つ酵素がもとに戻してくれるのである。一方で、Tを作るためにはまずUを作る必要があり、Tを用いることは手間や必要なエネルギーが増えるという欠点もある。そこで、長期にわたって正しく遺伝情報を保持しなければならないDNAではTを、一時的に保持すれば十分である代わりに頻繁な合成が必要なRNAでは、Uを用いるというのは、生命維持の効率という観点からきわめて理にかなっている。そしてこれも、RNAワールドからDNAに進化したというシナリオとも実に整合的である。

ただしこのRNAワールドも、厳密にはまだ仮説というべきものである。それでもその説得力は大きく、さまざまな仮説が乱立して議論が混沌となりがちな生命の起源研究において、最も広く受け入れられている考えともいえるのではないか。

このRNAワールドの立場に立てば、ある程度もっともらしい生命誕生のシナリオを描くこともできる。場所は特定しないが、とにかく水とエネルギーが存在し、有機分子が作り出される環境があった。その中にはRNAの構成単位であるヌクレオチドもあり、何らかのプロセスにより、ヌクレオチドが長く連なってRNAとなり、生物的活性を獲得し、さらには自己複製の能力を獲得した。一度自己複製能力を獲得すれば、周囲には天敵となる他の生物もまだ存在しないわけだから、エネルギーと栄養分さえあれば、倍々ゲームで爆発的に数を増やしていくはずである。

この、最初に自己複製能力を獲得したＲＮＡはどれぐらいの長さだったのだろう。生物学者によれば、長さが25塩基以下のＲＮＡは生物的活性を示さない。一方で、40～60より長いＲＮＡなら、あるいは自己複製能力を持つかもしれないと期待できるという。

そして、実験室で作られている長さ１００塩基以上のリボザイムでは、不完全ながら自己複製能力を示すものもある。したがって、生命の最初の出発点となったＲＮＡの長さもまた、少なくとも40以上、一声、40から１００ぐらいまでの範囲にあったと考えるのが自然であろう。

一方、両親媒性の有機分子も作られて、それらは膜構造、さらには小胞の形をとるようになった。小胞の中では分子が密集した状態が保持されるため、ＲＮＡの自己複製も効率よく起こるであろう。そしてそれとうまく歩調を合わせて小胞が２つに分裂して、複製されたＲＮＡもそれぞれに分配されるようになった。

ここまでくれば、これは膜に包まれた複雑な遺伝情報が自己複製されているわけで、もう生命細胞と呼んでも差し支えないだろう。ＲＮＡの自己複製は完璧ではないので、次世代の細胞は少しずつ変化し、自然選択によって進化が始まる。やがてタンパク質やＤＮＡを用いるような、より効率的で生存力の強い生命に進化して、それが現在の地球生命の共通祖先となった。ＲＮＡだけで生きる生物は現在では見られないので、それらは競争に敗れて絶滅したということになる。もしかしたら、ＲＮＡウイルスのなかにはその名残もいるのかもしれない。

もちろん、このシナリオにもまだまだ不確実なところは多い。例えば、最初に現れた遺伝情報が本当にＲＮＡの形だったかどうかには異説もある。ＤＮＡ、タンパク質に先んじてＲＮＡの時代があったことについては多くの研究者が支持しているが、さらにその前段階で別の分子がまず遺伝情報を獲得し、それが進化の過程でＲＮＡに置き換わったという可能性も議論されている。が、本質的な筋書きが上記のものから大きく変わることはなさそうである。

では、このシナリオにもとづけば、生命をゼロから作ることは容易にできるのか？　そのようなことが宇宙にどれだけ起こっていると期待できるのか？　以後の章では、そんな視座で話を進めていくことにしたい。

第六章
宇宙に生命は生まれるのか
――原始生命誕生の確率？

PatinyaS. - stock.adobe.com

◆原始生命の誕生は容易なのか、それとも困難なのか？

前章において、まがりなりにも、最初の生命がどのように誕生したのかという大まかなシナリオは描けたといってよいかもしれない。しかし、そのシナリオが容易に実現するものかどうかはまた別の問題である。

原始生命誕生の難易度、言い換えれば確率を考えるには二つのアプローチがある。一つは、前章で示した生命誕生のシナリオにもとづいて、そこに含まれるプロセスが実際に実現される確率を理論的に考えていくことだ。もう一つは、我々が知っている観測・実験的事実にもとづいて、原始生命の発生確率を見積もってみるというアプローチである。ここでは後者から話を始めたい。

その文脈でよく引き合いに出されるのは、地球の歴史において、相当早い段階で最初の生命が誕生しているという事実である。第三章で述べたように、生命は34億年前には確実に現れており、37億年前より昔にさかのぼるかもしれない。地球が誕生してほどなく、44億年前には生命が誕生し得る環境があったと考えても、それから7億〜10億年もたたぬうちに、現在まで痕跡を残すほどの生命が繁栄していたことになる。そうなると、最初の原始生命が誕生するまでにかかった時間はざっと5億年以下と考えざるをえず、現在までの地球の歴史の最初の10％程度以下という短い間に成し遂げられたことになる。

この事実から、地球において生命が誕生する環境さえ整えば、実際に原始生命が誕生するのは容易に起こることではないか、と主張されることがある。もし逆に、原始生命がきわめて困難なプロセスで、確率的に容易に起きないと考えてみよう。だとすれば、原始生命が偶然に発生する時刻は、44億年前から現在までの時間軸上でランダムに分布するはずだ。ところが実際には、この時間軸上で最初の10％以下のところで生命が誕生した。このようなことが起こる確率は10％以下のはずだ、ということになる。だがもし、原始生命が容易に誕生するものなら、この不自然さは解決する。

たしかに、この推測は論理的に間違ったものではない。だが以下に述べる理由により、この推測は多分に不確実なものであり、断言することは到底不可能である。まず、原始生命の発生が困難なものだとしても、10回に1度ぐらいの確率で、地球史の最初の10％で原始生命が誕生することになる。我々は地球という一つの例しか知らない以上、たまたま10回に1度程度の珍しいケースを引き当てただけかもしれない。

またこの議論は、生命の発生確率が歴史上、常に一定であったと仮定している。しかし最初の生命が誕生した原始地球の環境は、今の地球とはまったく異なるものであった。灼熱のマグマオーシャンから冷えて海や大陸ができた直後で、平均気温も今よりはるかに高かったはずだ。膨大な地熱により、間欠泉や熱水噴出孔の数も、今よりずっと多かったであろう。そして進化系統樹の根元の生物は超好熱菌が多いことを思い出せば、当時の地球は今の地球よりはるかに原始生命の誕生に適した環境だったのかもしれない。となれば、地球の歴史の初期に生命が生まれたことは驚くに値しないことになる。

また、原始生命が容易に誕生するという考えは、「地球の歴史上、原始生命の誕生は一度しか起きていない」という事実からは、不自然なものとなる。地球の歴史の最初の10%で原始生命が誕生するなら、残りの90%の時間で9回ぐらい、独立な原始生命の誕生が非生物的に起こっていてもおかしくないからだ。

これには反論もある。地球での原始生命の誕生は、「我々の知るかぎり」一度しか起こっていないだけで、実は他に何度も原始生命は誕生した、あるいはしかかったが、今では絶滅して残っていないのだ、というものである。一度生命が誕生してしまえば、次の別の原始生命が誕生しかけても、既存の生命の餌となってしまうことも十分にありそうなことだ。だが一方で、非生物から生命に進化しつつある有機物質が、既存の生命に食われているところを見た人はいない。これだけ科学が進歩して、無数の生物学者がさまざまな生命現象を眺めていながら、そんな現象がまったく見当たらないのは、やはり奇妙とも思える。

◆人類までの進化と人間原理

結局のところ、我々は地球というたった1つの惑星における、たった1回の原始生命誕生しか知らないので、こうした議論は常に決定力を欠いたものとなってしまうのである。これを「人間原理」という観点から、もう少し深く考えてみよう。我々は宇宙や世界を観察し、それについてあれこれ考察を巡らせているわけだが、それが可能なのはそもそもこの世界に我々のような知的生命体が存在するからである。つまり我々が観測するのは、「知的生命体が存在することが可能で、さらに実際に生まれている宇宙」にかぎられる。このような概念を一般に人間原理と呼んでいる。

最も簡単な例を挙げれば、人類が、自らが住んでいるその惑星を観察するとき、それは生命（さらには知的生命体）が存在できるような星にかぎられるということである。なんだ、当たり前じゃないかと思われるかもしれないが、「地球生命が地球史のかなり早い段階で現れた」という事実の解釈にも、この人間原理を考慮する必要があると言えば、読者の皆さんはどう思われるだろうか。

原始生命が誕生して、人類のような知的生命体に進化するまでに、約40億年かかっている。これと、地球に生命が存在していられる時間を比較してみよう。太陽は誕生してから約100億年は安定して輝くことができるとされている。そんなことがどうしてわかるのか、と思われるかもしれないが、星が輝くメカニズムや内部構造は物理的によく解明されていて、また、膨大な数の恒星の観測データからも裏付けられており、天文学の中では十分に確立していることである。

100億年たつと、まず赤色巨星に膨張し、その後、燃え尽きて白色矮星として一生を終える。赤色巨星に膨張した際には地球も呑み込まれると予想されるので、地球に生命が存在できる期間は最大100億年ということになる。この100億年のスパンのうち、最初の約5億年で生命が誕生し、その後40億年あまりで人類が出現したというのなら、生命の誕生はやはり早かったということになろう。原始生命の誕生が困難で時間がかかることなら、地球誕生から30億年後に生命が現れて、70億歳の地球に人類が現れてもおかしくはない。となると、やはり生命は容易に誕生するのであろうか?

ところが話はそう単純ではない。実は太陽の明るさは一定ではなく、誕生以来、少しずつ明るくなっているのだ。太陽の中心部では、水素がヘリウムに変わる核融合反応でエネルギーが生み出されているのであった。それによって生まれたヘリウムは水素より重いため、中心部にたまり、その重力が強まる。それを支えるために中心部はより高温となり、核融合反応がより活発に起こることで、太陽の明るさが増すのである。今の太陽は誕生時に比べて、数十％ほど明るくなっている。

そしてその明るさの増加は今後も続く。それを想定すると、今から50億年後の赤色巨星化を待つまでもなく、わずか10億年ほど後には地球の環境は高温化して、生命は存在できなくなるという見積もりがある。太陽がより明るくなるのはまず間違いないが、地球環境の変化はさまざまな要因が複雑に絡むため、本当にそうなるかどうかは確実とはいえない。それでも、現在の地球科学の知識にもとづけば、地球に生命が存在できるタイムスパンは地球誕生から１００億年ではなく、55億年ほどにすぎないという可能性が高い。

このスパンに原始生命誕生から人類の出現までを当てはめると、先ほどの議論はがらりと変わる。原始生命は地球誕生からほどなく現れた一方で、地球に生命が住めなくなる寸前にようやく間に合って人類にまで進化した、つまり「最初も最後もギリギリ」ということになるのだ。

この事実を自然に解釈するには、どう考えたらいいだろうか。一つのもっともらしい説明がある。地球に生命が誕生し、知的生命体に進化するまでの間に、きわめて確率の低い困難な進化ステップがいくつかあったと考えることだ。地球生命の進化史をふり返ると、長い歴史の中で一度しか起こっていないような重大な進化や飛躍がいくつかある。原始生命の誕生がその一例であり、ほかにも、真核生物の誕生や、多細胞生物の誕生、有性生殖の獲得、あるいは知的生命体の誕生などである。

　これらのステップが皆、50億年という長大な時間をかけても稀にしか起きない現象だとしよう。地球は、そんな稀なことが5回ほども起こった「超・奇跡の惑星」ということになる。そしてそのような惑星において、5回の事象が歴史の時間軸上にどのように分布するかを考えてみよう。最初のステップである原始生命の誕生は地球史のかなり初期に起こり、一方、人類の誕生は地球に生命が住めなくなる直前になる、というのが自然である。それが、やはり稀である残りの3つの事象が起こりやすくなるための条件だからである。

　つまり我々のような知的生命体が、稀な事象を何度も経た上でここに存在しているのならば、たとえ原始生命の誕生が稀な出来事であっても、地球の歴史の最初のほうに起きたことは「必然」ということになるのだ。生命が早くに現れたからといって、それが容易に起こるものと結論することは、やはり不可能ということになる。

◆原始生命発生確率の上限と下限

　ここで有名なドレイクの式というものを引き合いに出して、少し話をまとめよう。この式は銀河系の中で、知的生命体が文明を発展させた惑星がいくつくらいあるのかを見積もるためのものである（図6－1）。電波天文学者フランク・ドレイクが、地球外知的生命体からの電波通信信号

N　銀河系に存在する地球外文明の数
R_*　銀河系での恒星の生成率
f_p　その恒星が惑星系を持つ確率
n_e　惑星系のなかで生命が存在可能な惑星の平均数
f_l　その中で生命が実際に発生する割合
f_i　その生命が知的生命体まで進化する割合
f_c　その知的生命体が星間通信を行う割合
L　その文明が星間通信を継続できる時間

図6-1　ドレイクの式　ドレイクの式が最初に提示された電波天文台の部屋に飾られているプレート（NRAO/NSF/AUI）

を探すＳＥＴＩ（search for extraterrestrial intelligence）計画のために１９６１年に提示した。

この式は知的生命体による文明を考えているので、さまざまな因子が含まれているが、本書の主眼と直接関係するのは「f_l」、つまり生命が生存できる条件が整った惑星において、原始的なものでいいからとにかく実際に生命が現れる確率である。確率というと１を超えることはないが、数十億年という地球の典型的な時間スケールの中で、非生物からの生命発生が起こる回数の期待値と考えてもよく、その場合は１以上にもなりうる。

このパラメータf_lとして可能な数字は、ここまでの議論をまとめると以下のようになる。地球の歴史において原始生命が一度しか発生していないことを考えると、f_lが1を大きく超える可能性は低いと考えられる。一方、f_lが1よりずっと小さいケースはあまり制限がつかない。我々はまだ地球外に生命を見つけられていない。膨大な数の地球型惑星のうち、生命が発生するものがごくわずかであっても、我々は必然的にそういう稀な惑星の上に自分の姿を見つけることになるわけで、我々が知る観測事実と特に矛盾するわけではない。

銀河系の中にはざっと1000億個の太陽のような恒星が存在し、その10%程度は生命が発生しうる地球型惑星を持つと見積もられている。たとえば、銀河系全体の中で実際に生命が生まれる惑星が1つくらいしかないなら、f_lは100億分の1程度だということになる。我々が観測可能な半径138億光年の宇宙の中には、我々が住む銀河系のような銀河がざっと1000億個、したがって恒星が10^{22}個ほどある。もし、実際に生命を育む惑星がこの範囲に1つくらいしかないのなら、f_lは10^{21}分の1というきわめて小さな数字になる。しかしこれでも、観測事実とは矛盾しない、つまり「ありうる数字」といえる。一方でもし将来、太陽系内、あるいは太陽に近い恒星の惑星から生命が発見されれば、f_lとして許される値の範囲は一気に1付近のみに狭まることになる。

さて、ここで「観測可能な宇宙」での生命発生数を考えたが、その外側はどうなっているだろうか。第三章で述べたとおり、観測可能な宇宙の中では、銀河や物質は均一な性質や密度で広がっている。観測可能な宇宙の境界は、宇宙が誕生して138億年しかたっていないことと、光の速度が有限であることから存在しているだけのことであり、実体としての宇宙はそれを大きく超えて広がっていると考えられている。そのスケールまで広げて、原始生命の誕生を考えたらどうなるであろうか？　実はそれこそが本書の主眼の一つである。

◆最初の生命をどうやって組み立てるか？

今度は視点を変え、原始生命が発生するプロセスにもとづいて、期待値f_lがどれくらいになるのか、理論的に考えてみよう。前章で考えたとおり、とにかく、非生物的に40塩基以上の長さを持つRNAを作ることが、自己複製可能なRNAを経て原始生命誕生へと至る道筋である。

そのプロセスとしてまず考えられるのは、RNAの構成単位であるヌクレオチドが多数漂っているような環境を用意し、それらが化学反応で結合して長鎖のRNAになるというシナリオであろう。ただしヌクレオチド同士をただ近づけても、RNAへの結合反応が起こるわけではない。RNAの鎖の結合は吸熱反応、つまり外からエネルギーを与えてやる必要がある。例えば、地球生物がDNAを複製する際は、リン酸基によってエネルギーを貯めた状態のヌクレオチドを材料として用いて、高エネルギーリン酸結合が切れる際に生じるエネルギーを用いているのであった。それと同じように、何らかのエネルギーを利用して高エネルギー状態にしたヌクレオチドを用意して、それをRNA合成の現場に注入してやる必要がある。そうすれば、適度に接近したヌクレオチド同士は「自然に」エネルギーを放出して結合するであろう。

だが、仮にそのような状況を実現したとしても、40とか100とかいう長さのRNAを作ることは容易ではない。単体のヌクレオチドが相手を見つけて結合するまでの平均的な時間が過ぎると、多くのヌクレオチドが2つにつながっているであろう。この時点で、運が良かったヌクレオチドは多数の相手を見つけて、4つとか5つにつながっているものもあろう。だが、そうしたケースは長いものほど急激に確率が下がる。ポアソン過程と呼ばれるもので、ヌクレオチドがL個の長さのものは、$L!$分の1の確率で稀になっていく。ここで$L!$とはLの階乗と呼ばれ、1からLまでの整数をすべて乗じたものである。$5!=120$、$10!=3628800$、$15!$は約1・3兆と、Lとともに急激に大きくなる。つまり長さLを少し大きくすれば、あっという間にその長さのRNAは激減してしまう。

さらにもう少し時間をかければ、多くのヌクレオチドが、3つとか4つの連なりに含まれるようになるだろう。だがそうなると、自由に動ける単体のヌクレオチドが減ってしまう。そこからさらに長いRNAを作ろうと思えば、ある程度の長さを持ったRNA同士をつなげるしかない。RNAの端には、高エネルギー状態を保ったヌクレオチドが残っているだろうから、うまく端と端をつなげば、自然と結合することはできるだろう。しかし今度は、長さを持ったRNA同士が、うまく相手の結合部分につながるような位置や体勢をとることが難しくなってくる。3つや4つの長さならまだしも、10以上の長さを持つ多数のRNAを高密度に詰め込んだとしても、うまく端と端がつながらず、ごちゃごちゃの塊になってしまいそうだ。

そもそも、単体のヌクレオチドが積極的に周囲のヌクレオチドとどんどん合体して連なっていくような環境は、生命にとって決して、好ましい環境ではないのである。生体の中でそのようなことが起きたらどうなるか、考えてみよう。細胞の中では、遺伝情報を保持してすでに存在しているDNAから、単体のヌクレオチドを用いてそのコピーが作られている。このとき、単体のヌクレオチドが、勝手に相手を見つけてランダムなDNA鎖、RNA鎖を作ってしまったらどうなるか？　何の意味もないでたらめな情報配列を持った、無用な核酸分子鎖で細胞内が溢れかえってしまう。いや、本来のDNAを見つけるうえで邪魔になるという意味で、無用というより有害である。遺伝情報を保持したDNAを活用するためには、むしろ、単体のヌクレオチドが勝手に結合せず、豊富に漂っている状況のほうが好ましい。

ここに、最初の生命的な活性を持ったRNAを作り出すうえでの一つの難しさがある。生命を生み出すためには長いRNAを作り出す必要があるが、一方で、自己複製能力を獲得して生命に発展するRNA鎖の周囲には、単体のヌクレオチドが豊富にある状態も維持しなければならないのである。

これを解決する方法はおそらく、単体のヌクレオチドが漂っている領域と、ヌクレオチドの連結が行われる領域を分けて、前者から後者にヌクレオチドが供給されるようなシステムを考えることであろう。その観点で興味深いのは、ある種の粘土鉱物が混じった水溶液中での実験である。粘土鉱物粒子の表面には、ヌクレオチドが規則的に並びやすく、それがＲＮＡの合成反応を加速させる触媒機能を持つのである。この場合、粘土表面だけでＲＮＡは伸長していき、一方で水溶液中には単体のヌクレオチドが豊富に維持される。生命的な活性を持ったＲＮＡが粘土表面でできて、それが表面を離れて水溶液中に戻れば、そこには自らを複製するために必要な単体のヌクレオチドが豊富に存在するというわけである。

実際に、粘土鉱物粒子を用いたものも含めて、単体のヌクレオチドを重合させて長いＲＮＡを作ろうとする実験もさまざまに行われている。しかしそれでも、多くの実験では、せいぜい長さ5とか10のＲＮＡが作れる程度で、それも長さとともに生成数は激減する。なかには、長さ50とか１００とかのＲＮＡが合成されたという報告もいくつかあるのだが、研究者に広く受け入れられた結果とはなっていない。生成されたＲＮＡの長さを測定する手法によっては、それがきれいにひも状に連なったＲＮＡなのか、あるいはヌクレオチドや短鎖のＲＮＡがごちゃごちゃに集まった団子のようなものなのか、区別が難しいのである。今のところ、最初の生命に要求される40とか50とかの長さのＲＮＡが非生物的に合成されるかどうかは、実験的にも理論的にも確立していない。

そして仮に、そのような長さのＲＮＡを作ることができたとして、それですぐに生命誕生になるかというと、そうは問屋がおろさない。でたらめの順番で４種の塩基をつなげたＲＮＡを作っても、それが自己複製能力を持つとは到底思えない。むしろ、非常に限られたパターンの遺伝子配列を持ったときにだけ、そうした生命的な活性を獲得すると考えるのが自然である。

長さ40のＲＮＡを考えてみよう。４種の塩基が40個連なる場合、可能な情報配列の数は４の40乗通りになる。これは約10の24乗で、比較するなら、例えばアボガドロ数（6.02×10^{23}）に近い。アボガドロ数は１グラムの水素に含まれる水素原子の個数で、ようするに、我々にとって普通に感じる量の物質中に含まれる原子や分子の個数と思えばいい。たった４種の文字で書かれた40字の作文で表現できる情報量はここまで大きくなるのである。

すべての可能な情報配列を尽くすため、長さ40のＲＮＡを4^{40}個だけ用意したらどれくらいの質量になるだろうか？　計算するとざっと27キログラムになる。例えば地球全体でこれくらいの量が作られるべきだと考えるなら、大して難しくもないと思われるかもしれない。だが、そもそも原始地球では有機物自体の存在量が少ない上に、長さ40以上という長鎖のＲＮＡを4^{40}個も、自然な化学反応から作り出すことはけっして容易なことではない。

さらに、生命誕生に必要なＲＮＡの長さが40より長い場合は、恐ろしく急激に困難さが深まる。可能な情報配列の数は、RNAの長さLに対し4のL乗で増えていくので、数はあっという間に巨大になる。RNAが1単位だけ長くなるだけで、情報量は4倍になるのだ。いわゆる倍々ゲームとかねずみ算式とか呼ばれるもので、例えば1分で2つに分裂する細菌を考えると、たった1つの細菌から出発しても、10分後には2^{10}=1024個に増え、1時間後には2^{60}個になる。これはざっと1兆の100万倍である。

実際にRNAで見てみよう。長さ60のRNAの可能な情報配列は4^{60}であり、これをすべて尽くしたRNAを用意すると、その総質量は400億トンとなり、現在の地球生物の全質量（炭素換算）である5500億トンに匹敵する。そして長さ100のRNAの全情報配列を尽くすとなると、必要になるRNAの総質量は実に太陽の4000万倍となる！（ここでの「！」は、階乗という意味ではない）。

話はまだ終わらない。地球生物は、右巻きのRNAだけを用いているのであった。材料のヌクレオチドが右巻きと左巻きで等量だけある環境において、ランダムに選んでRNAを作るとすると、長さ50のRNAが完全に右巻きになる確率は2^{50}分の1、つまり約1000兆分の1である。長さ100なら10^{30}分の1となる。

長さ40とか100といったRNAは、現生生物のRNAやDNAの長さに比べればはるかに短い。それでも、それを非生物的に作ろうと思ったらいかに難しいか、ご理解いただけたかと思う。

◆「生命の起源」にハマった宇宙の研究者たち

この、原始生命誕生の難しさや奇跡ぶりを喩えた表現がいくつか知られている。有名なのは、「サルがタイプライターで適当にタイプしていたらシェイクスピアの小説ができた」とか、「ばらばらに分解した時計を袋に入れて振っていたら元の時計に戻った」などというものである。「ジャンク置き場を竜巻が通り過ぎたら、ジャンボジェットが出来あがった」というのもある。これは、20世紀中頃に活躍した英国の天文学者フレッド・ホイルのものである。ホイルについては、パンスペルミア説の提唱者の一人として前章でもふれた。かの有名なケンブリッジ大学の教授で、当時、天文学における世界的大御所ともいえる高名な研究者であった。車椅子の天才科学者として有名なあのホーキングが大学院生になったとき、ホイルが指導教員でなかったので失望したというほどの人物である。

ホイルの専門は天文学であったが、そのキャリアの後期において生命の起源の研究に熱中したことは、同じく天文学者である私にとっても興味深いことである。余談のついでにもう一人、宇宙の研究者でありながら、シニアになってから生命の起源の研究にハマった人を紹介しておこう。

図6-2　ガモフおよびRNAタイクラブの写真
左より、フランシス・クリック、アレクサンダー・リッチ、ジョージ・ガモフ、ジェームズ・ワトソン、メルヴィン・カルヴィン。
(『The RNA World』共同編集：Raymond F. Gesteland、Thomas R. Cech、John F. Atkins ／ Cold Spring Harbor Laboratory)

筆者が生命の起源について勉強や研究を始めてしばらくたった頃、RNAワールドについてのある書籍を調べたくなった。検索してみると、東大広しといえども、医学部の附属図書館にしかない。そこで私は初めて、医学部附属図書館にまで出向いてその本を借りてきた。すべての分野をカバーする総合大学に身を置いているのは、こういうときに便利なものである。

さて研究室に戻ってその本を紐解くと、冒頭に図6－2のような写真が載っていた。写っている5人のうち、二人はDNAの発見者であるワトソンとクリックである。RNAワールドの本だけに、この二人が写っていることに驚きはない。だがこの写真の真ん中に堂々と立っている人の名前を見て私は仰天した。ジョージ・ガモフだったのである。

ガモフといえば、ビッグバン宇宙論の生みの親のような存在である。１９３０年頃までにハッブル・ルメートルの法則が発見され、宇宙が膨張していることは観測事実となった。だが、宇宙が熱い火の玉の爆発として誕生したというビッグバン宇宙論の確立に決定的な貢献をしたのがガモフなのである。

なぜ、誕生直後の宇宙が火の玉状態と考えたのか。その動機は、宇宙のさまざまな元素の存在量を説明することであった。宇宙にはさまざまな元素が存在するが、いちばん単純で軽い水素が最も多く、二番目に軽いヘリウムがそれに続く。この事実は、初期の宇宙が高温であるために陽子や中性子がバラバラに存在していて、それらが十分に核融合反応を起こす前に宇宙が膨張して希薄になったと考えれば自然に説明できる。これが、ガモフらが１９５０年頃に提唱したビッグバン元素合成の理論である。

さて、そのガモフがなぜ、ワトソンやクリックといった生物学者と並んで写真に写っているのか？　実は晩年のガモフは生物学、とくに遺伝情報の研究にのめり込んだのである。１９５４年にガモフがワトソンやクリックらに声をかけて、「ＲＮＡタイクラブ」という科学者たちの社交クラブを作った。それがこの写真というわけである。

実際、ガモフはＤＮＡの遺伝コードについて興味深い説を出している。現在の理解では、４種の塩基が3つ並んだ状態で表現できる4^3＝64通りの組み合わせを使って、アミノ酸の種類を指定している。生体内で使われるアミノ酸は20種類だから、情報量としては余裕がある。だが、3つの塩基の組み合わせだけが重要で、並ぶ順序は意味がないとすればどうなるだろうか。その場合に可能な情報量は、箱の中に4つの色を持つボールが多数あり、箱から3つだけ選べるときに可能な色の組み合わせと同じである。これはちょっとした高校数学の確率の問題で、$(3+4-1)!\div[3!(4-1)!]=20$通りと計算できる。生命が使っているアミノ酸が20種類というのは、ここで決まっているのではないか？　というのがガモフの出した説である。残念ながら現在の理解では、この説は正しくないということになるのだが、何とも面白い発想ではないか。

　実はこのホイルとガモフは、宇宙論を巡っては鋭く対立したことでも有名である。ホイルは「定常宇宙論」というものを提唱していた。今の宇宙が膨張していることは観測的に否定し難いが、宇宙が過去のある時点で突如、爆発によって始まったかどうかまでは、現在の宇宙膨張のデータだけからでは判断できない。ホイルは、宇宙は永遠不変で、大局的に見れば進化しないものであるべきだと信じていた。そこで、無限の過去から無限の未来まで一定のペースで膨張し続けるという宇宙モデルを考えたのだ。ただしこの場合、宇宙が膨張して物質密度が薄まってしまうことを補填するために、常に新たな物質が生み出されているとする必要があり、その必然性に難があるモデルである。

そんなホイルの立場からは、ガモフの宇宙論は受け入れられるものではなかった。実は「ビッグバン」という名前も、そんな変なモデルが正しいはずがない、という揶揄（やゆ）を込めてホイルが命名したものだという。だが、この二つの宇宙論の間の論争はほどなく決着がついた。ガモフの理論は必然的に、熱い火の玉状態を満たしていた光（電磁波）が冷えて、極低温（絶対温度で数度）の電波放射となって今の宇宙を満たしていることを予言する。1965年、電波アンテナの技術的な研究をしていた米国ベル研究所のペンジアスとウィルソンによって偶然にそれが発見された。今日、宇宙マイクロ波背景放射と呼ばれるそれは、ガモフらが予言したものとほぼ正確に一致していたのである。以後、ビッグバン宇宙論が確立し、ホイルの定常宇宙論はほとんど顧みられなくなった。

このように宇宙論で鋭く対峙した両雄だが、晩年はどちらも生命の起源の研究にハマっていたというのも、実に興味深いと思うがいかがであろうか。

◆ではなぜ、我々はここにいるのか？

話を戻そう。とにかく、ランダムな化学反応が積み重なって、偶然に生命ができあがる確率はきわめて低く、ちょっと計算すれば、「観測可能な138億光年の宇宙の中にすら、生命は1つも誕生しえない」という結論が出る。しかし、我々はこうしてここにいる。原始地球のどこか、あるいはパンスペルミア説を採るにしても宇宙のどこかで、我々につながる生命が無生物の状態から発生したはずである。これをどう考えればよいのか。

一つの立場は、原始生命の発生は自然科学の範疇を超えたナニモノかであると考えることだ。科学者ではない人々の間では、こうした考えを持つ人は一定数、存在するようである。科学というものは、ある意味、無味乾燥で、主観的な考えや願望を排し、客観的・論理的に自然を理解しようとするものだ。特に物理学では、この世界のすべての現象は煎じ詰めれば、いくつかのシンプルで美しい基礎物理学法則によって世界のすべてが記述され、原子や分子はそれに従って淡々と動いたり反応を起こしたりしているだけ、という世界観である。だが生命現象や、我々知的生命体の文化や文明までが、そうした冷徹で無味乾燥な世界観の延長線上に存在しているにすぎないのであろうか？　そんなふうに考えるのはつまらない、いや、受け入れがたい、そんな感覚は筆者にもある程度理解できる。その結果、原始生命の誕生を神や宗教の領域に求めるというのは自然なことなのかもしれない。生命のあまりの複雑さを根拠に、生命は我々の理解を超える「ナニモノか」によってデザインされたと考える「インテリジェント・デザイン」論などもその類である。

もちろん、自然科学者の間ではそのような考えは極少数派だ。原始生命の誕生は、あくまで、自然科学の立場で説明できると信じている人がほとんどである。しかし、ランダムな化学反応では生命はできそうにないことも事実である。そこで、「なにか未知の、効率よく長鎖のＲＮＡを作り出すメカニズムや反応経路があるのだろう」と考えることになる。ただ、すでに述べたように、そのようなものは今のところ知られておらず、「生命が存在するのだから、そういうものが必ずあるはずだ」という考えに立って研究を行っているにすぎないのが実状だ。

「いきなり40とか50の長さのＲＮＡを作るのではなく、もっと短いものから段階的・進化的に少しずつ長くしていけばよい」という考えもしばしば耳にする。しかしこれも、具体性は依然として乏しい。10とか20塩基程度の比較的短鎖のＲＮＡを作れば、自己複製とまではいかずとも、何らかの活性を持つＲＮＡはできるのかもしれない。例えばリガーゼと呼ばれる酵素は、ＤＮＡ鎖の端と端を連結する触媒作用を持つ。そうしたものが登場すれば、「短鎖のＲＮＡをつなげて伸ばして、やがては自己複製可能なＲＮＡにまで進化していくのではないか？」という想像は可能だ。しかし、つなげられるほうのＲＮＡ短鎖はどこからくるのか。長さ10のＲＮＡは4の10乗、つまり１００万を超える情報配列を取りうる。ランダムに作られた長さ10のＲＮＡのほとんどは、意味のない情報配列を持つ「がらくた」であろう。それらを適当につなげたところで、生命につながるとも思えない。

また、リガーゼの機能を持ったＲＮＡ短鎖ができたとしても、自己複製能力がなければ、自身を増やすこともできない。まわりのＲＮＡ短鎖をつなげているうちに、自分自身が壊れてしまえば終わりである。「進化」というものが起こるためには、自己複製機能があり、自らのコピーを大量に作ることが必須なのである。この能力を獲得する前の段階で「進化」を期待するのは、ある意味、自己矛盾である。そんな都合の良い「原始生命への経路」が本当にあるかどうか、今のところ誰にもわからない。

私がこの分野の勉強を始めた頃、生命の起源に関する理解や考えは概ね、このような状況であったと理解している。ようは、非科学的あるいは超科学的なものに訴えることは避けたいが、かといって科学の枠組みの中で生命の起源を具体的に説明できるかどうか、その道筋はまったく見えていなかった。だが、宇宙論に慣れ親しんだ筆者の視点でこの状況を眺めたとき、すぐに一つ気づくことがあった。「宇宙の真の大きさ」を考えれば、まったく違う風景が見えてくるのではないか？　と。次章ではその話を進めていこう。

第七章

宇宙はどこまで広がっているか、そこに生命はいるか

fabio lamanna - stock.adobe.com

◆「観測可能な宇宙」という落とし穴

この宇宙の大きさを表現する際に最もよく用いられるのが、「観測可能な宇宙」という概念である。現在の宇宙の年齢である138億年で光が到達できる138億光年を半径とする、我々を中心とした球状の領域である。これより外側の宇宙からは光が届かないので、原理的に観測できないからだ。そして、それ以上にどれだけ宇宙が広がっているかは正確にわからないため、この大きさが「宇宙の大きさ」としてよく用いられているのである。

そしてこれは我々から見れば途方もなく巨大な領域である。その中には実に1000億個の銀河があり、それらの中には10^{22}個の恒星が含まれるのだ。だが、これだけ巨大な宇宙サイズを考えても、生命というものは、ランダムで非生物的な化学反応では誕生しそうにないほど複雑である。それでも我々はたしかにここに存在している。となると前章で述べたように、生命の起源には何か科学を超えるものがかかわっているか、あるいは何か未知の、きわめて効率よく原子分子を組み立てるメカニズムがあるはずだ、という話になる。だが、ここに陥(おちい)りやすい思考の落とし穴がある。宇宙論に慣れ親しんだ人間ならば、この「観測可能な宇宙」の大きさが、さらに広大な宇宙全体の真の物理的な大きさとは何の関係もないことを知っているのだ。

観測可能な宇宙の境界（つまり138億光年遠方）を、地球における地平線や水平線になぞらえて「宇宙の地平線」と呼ぶのであった。実際にこれはいい喩えで、両者は本質的に同じようなものである。もし地球の表面が完全な平面なら、地表面上でどんなに遠くにある物体でも、視力さえよければ、我々には見えるはずだ。だが地表が球面であるために、地球の裏側にある物体は我々が肉眼で見ることはできない。それどころか、地球の上を少しばかり歩くだけで、元の場所は地面の向こうに隠れて見えなくなってしまう。それが地平線や水平線である。地平線までの距離は地球の半径と、観察をする人の地面からの視点の高さによる。身長1・7メートルの高さから遠くを眺める場合、地表面が完全な球面ならば、直接目視できるのは5キロメートルほど先までとなる（図7－1）。しかし地平線の向こうにも、同じような地面が延々と続いていることは我々にとって常識である。

宇宙における地平線も同じだ。138億光年というのは、我々が直接目視できるかどうかというだけの話であり、その先にも、同じような宇宙がはるか遠方にまで広がっているはずである。考えてみてほしい。ある人が、地球における原始生命の発生確率を計算しようとしている。もしその人が、わざわざ、自分を中心とする半径5キロメートルの地平線内での生命発生確率を計算

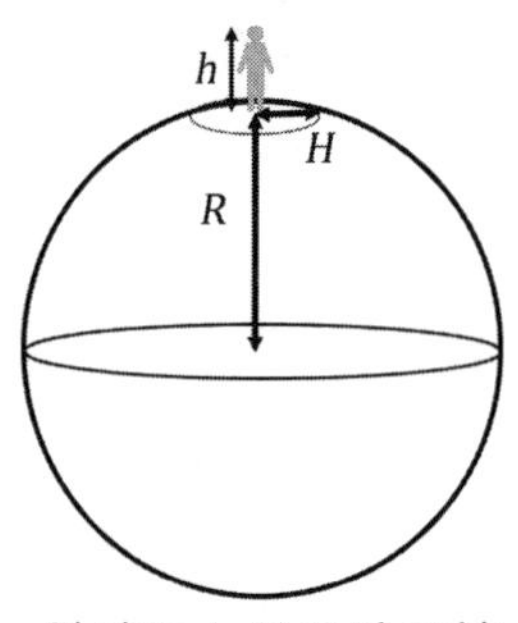

図7-1　地球および宇宙における地平線の概念図

したら、あなたはどう思うだろうか？　そう、ナンセンスである。地平線内の面積は、地球の全表面積の６５０万分の１にすぎない。むろん、ある人から直接目視できるかどうかなど、原始生命の発生プロセスとは何の関係もない。

「観測可能な宇宙」にかぎって生命の発生を考えることは、これと本質的にまったく同じことで、ナンセンスなのである。私が２０２０年に出した論文の着想はまさにこの点であった。そして、真の宇宙の大きさにもとづいて生命の起源を考え直したとき、従来とはまったく異なる景色が見えてきたのである。

宇宙論に慣れ親しんだ人間にとっては、上記の発想はさほど大きな飛躍ではない。それでも私が２０２０年に論文を出したとき、ある外国メディアから取材があり、出た質問に「なぜ、観測可能な宇宙の外のことなど考えようとしたのか？」というものがあった。宇宙論の専門家から見れば当たり前のことなのだが、普通の人にはやはり、突拍子もないことのように思えるのだろうか？

◆広大な宇宙を作るインフレーション宇宙論

ここまで話を進めてくれば、次に我々が検討すべき事柄は明らかである。観測可能な宇宙ではなく、宇宙の真の物理的な大きさはいったいどれほどなのか？　ということだ。この問いに対し、はっきりとした数字で答えることは今のところ不可能である（そしておそらく、未来永劫不可能であろう）。だが面白いことに、最新の宇宙論の成果にもとづいて「おおまかに言ってこの程度には大きいであろう」ということは、かなりの自信を持っていえるのである。その鍵となるのが、1980年頃に提唱されたインフレーション宇宙論である。

何度も述べてきたとおり、138億光年の観測可能な宇宙を見渡したとき、その最大の特徴は「一様な宇宙がどの方向にも広がっている」という事実である。インフレーション宇宙論が登場する以前は、これはビッグバン宇宙論の初期条件がそうなっていたのだ、というように解釈されていた。物理学の理論は、初期条件が与えられれば、その後の時間発展は方程式を解けばわかる、といったものだ。宇宙の膨張を記述する一般相対性理論も例外ではない。広い範囲にわたって、一定の密度で物質が詰まった宇宙を初期条件として用意してやれば、その後の進化は一般相対性理論の計算で予言することができ、それがビッグバン元素合成や宇宙マイクロ波背景放射といった観測事実を見事に説明してきたのである。

一方で、初期条件がどのようにして決まるかについては、物理学は案外と無力である。ビッグバン宇宙についても、どうしてそのような初期条件で始まったか、一般相対性理論は何も教えてくれない。実際に観測される宇宙がそうなっているのだから、そういう初期条件だったのだ、ということしかいえなかったのである。だがよく考えてみると、このような初期条件はきわめて不自然なものであるということも認識されていた。「一様性問題」と呼ばれるものである。

これについて何が問題であるのかを理解するためには、「観測可能な宇宙の範囲」が時間とともにどのように変化していくかを考える必要がある。例えば、今現在、138億光年の先にあり、我々がギリギリ観測できる銀河は、40億年前の地球でも観測できたのだろうか？　答えはNOである。我々が観測できる範囲は銀河の分布に対して時間とともに拡大しており、我々が観測できる銀河の数は時代とともにどんどん増えてきたのである。

このようなことが起こる理由は、宇宙の膨張速度が時間とともに減速していくからである。宇宙に詰まっている物質間に働く重力は万有引力、つまりお互いに引き合う力なので、膨張を抑制するのである。では、「宇宙膨張が減速する」というのは具体的にどういうことか？

宇宙誕生から50億年の時代、地平線までの距離は50億光年である。その時、地平線の向こう、100億光年の距離にある銀河は光速を超える速度で遠ざかっている。光速を超えるものは存在しないというのが相対性理論の大原理であるが、それはすぐ近くにある周囲の物質に対する相対的な速度についてである。遠く離れた2地点間の距離が離れていく速度が光速を超えていても、別に相対性理論に矛盾するわけではない。そして「宇宙膨張が減速する」という意味は、この2地点間が離れる速度が時間とともに小さくなっていくということである。その結果、100億光年彼方の銀河が遠ざかる速度はやがて光速を下回り、いつか、その銀河から放たれた光が観測者に届くようになる。つまり、観測可能な銀河の数が時とともに増えていくというわけである。

さて、ここで時計を逆向きに進め、宇宙初期にさかのぼってみよう。今度は、観測可能な範囲にある銀河はどんどん少なくなっていく。熱い火の玉として始まったビッグバン宇宙の誕生初期までさかのぼると、観測可能な範囲に含まれる物質は極わずかなものとなる。現在の我々が見通す138億光年内の物質のほとんどは、当時は互いに地平線の外で、観測不可能であったことになる。

光速でも相手まで届かないということは、情報のやり取りができない、互いに因果関係がないということである。光速を超えて情報をやり取りし、互いの物質密度を調整するという「物理学の掟破り」なことを考えないかぎり、我々が今観測している一様な大宇宙を作り出すことなど到底不可能、ということになる。

これは宇宙が、きわめて不自然な初期条件から始まったことを意味する。この問題に対し、「物理学の因果関係を超えて、何らかの理由で宇宙はきわめて一様な初期条件から始まったのだ」と、ある意味、割り切ってしまうという立場もありうる。だが物理学の範囲内で、自然に説明できるならばそれに越したことはない。それを可能にしてくれたのがインフレーション宇宙論なのである。

この問題が生じる原因は、宇宙膨張が減速するためである。ならば、宇宙初期のある時期、逆に加速的な膨張をすれば問題を解決できることになる。宇宙膨張が減速する原因は、物質に働く重力が引力であるためであった。重力が「万有引力」ではなく、反発し合う斥力のようなものになれば、膨張は加速するだろう。しかしそのようなことが起こるのか？　光や電磁波も含めた通常の物質で満ちた宇宙では不可能である。だが素粒子物理学によれば、粒子や物質が何もない真空状態でもエネルギーを持つことがある。文字どおり「真空のエネルギー」と呼ばれ、素粒子の生成や消滅を記述する「場の量子論」が発展する中で、素粒子物理学における標準的な概念となった。そしてこれが、まさに斥力の性質を持っていて、宇宙の加速膨張を引き起こすことができる。さらには、ビッグバン宇宙の誕生時のような超高温・高密度の状態では、真空のエネルギーが大きな値を持つことが物理学的に自然に予想される。

こうした物理学的知見にもとづくと、広大で一様な宇宙を自然に説明することができる。宇宙誕生時、真空のエネルギーが大きな値を持っていて、それにより、密度がほぼ揃った一様な微小領域が、加速的な膨張を起こした。これは一定の時間間隔で宇宙の大きさが何倍かになるという、いわゆる倍々ゲームやねずみ算式の急激な膨張で、これをインフレーションと呼んでいる。これにより、一見、因果関係を超えて一様な宇宙が広がったような状況になる。

このときの時刻は宇宙誕生からわずかに10^{36}分の1秒という時代である（図4－3参照）。この時刻に光速をかけた10^{26}分の1センチメートルが、もともと、因果関係を持てて一様になっていた領域サイズである。これがインフレーションによって10^{26}倍に膨張し、1センチメートル程度の領域となった。ここでインフレーションが終わり、真空のエネルギーは普通の物質や電磁波のエネルギーに転化する。これが、従来のビッグバン宇宙論の出発点となり、あとは一般相対性理論にもとづいて普通の物質に満ちた宇宙の時間発展を追っていけば、わずか1センチメートルの領域がやがて現在の１３８億光年の宇宙となるのである。

あまりに宇宙初期のため、かつてインフレーションが起きたという直接的な証拠は乏しい。しかしインフレーションは一様性問題を解決できるだけでなく、もうひとつ重要なご利益がある。インフレーションで拡大された領域は完全な一様密度ではなく、わずかな密度のゆらぎが生じる。それが重力で増幅され、やがて銀河などの天体が生まれるための種となるのである。密度ゆらぎの性質は宇宙の大規模構造の観測データを用いて詳細に調べられていて、インフレーション宇宙で予想されるものときわめてよい一致を示している。こうした理由で、宇宙論研究者のほぼすべてが、インフレーションをビッグバン宇宙論の基盤の一つとして受け入れている状況になっている。

◆インフレーション宇宙が予想する「宇宙の真の大きさ」

それではこのインフレーション宇宙論にもとづいて、宇宙が地平線を越えてどこまで広がっているのかを考えてみよう。我々が観測する宇宙を説明するのに必要な最小限のインフレーションが、サイズにして10^{26}倍になるというものである。このとき、インフレーションで広がった一様な宇宙の大きさは、ちょうど半径138億光年という我々にとっての「観測可能な宇宙」と同じサイズになる。もし我々が、宇宙の地平線の向こうまで見ることができたなら、すぐに一様性が失われて、見る方向によって宇宙の密度や性質が大きく異なってくるであろう。

インフレーションは倍々ゲームであり、もしインフレーションの継続時間がこの2倍だったとすれば、拡大率は10^{26}の2乗、つまり10^{52}倍となる。3倍なら10^{78}倍である。つまり10^{x}のxが、インフレーションの継続時間に比例する。さて、では実際のインフレーションの継続時間に対応するxはいくつだったのだろうか。観測事実を説明するにはxは26より大きくなくてはいけないが、それよりいくら大きくても問題はない。インフレーションの詳細は、超高温の初期宇宙で適用できる具体的な素粒子理論に依存し、まだ不明な点が多い。だがその詳細によらず、インフレーションの継続時間は素粒子理論のモデルやパラメータに依存して容易に変わることは間違いない。$x=26$がありうるなら、理論的には、それが52だろうが78だろうが、あるいはもっと大きくても不思議はないのである。

となると、実際のインフレーションのxが、観測事実から要求される下限の26にぴったり一致するとか、きわめて近い（例えば$x=27$）というケースは、あり得なくはないが「不自然」ということになる。宇宙の地平線内に含まれる領域は時間とともに変わっていく。はるか昔にインフレーションで一様にならされた領域の大きさが、たまたま、我々が生きる宇宙誕生後１３８億年の時点での地平線に含まれる領域と、ぴったり一致しなければならない理由はどこにもないのだ。

むしろ、xの真の値は26をある程度超えていて、その26を上回る超過分も一声、26程度はあると考えるのが自然である。身近な例を出してみよう。１００点満点で、50点以上が合格の試験があった。ある人が合格したことがわかっているが、その点数はわからない。あなたはその人の点数を予想する。このとき、50点ピッタリとか、51点といった予想をする人は少ないであろう。例えば60点以上80点以下、といった予想のほうが、はるかに当たる確率が高いはずである。

つまり真の宇宙は、観測可能な宇宙のさらに10^{26}倍程度には広がっていると考えるのが自然であり、この26という数字がさらに2倍、3倍となっても何の不自然さもないのである。その詳しい値こそ予言不可能であるものの、これが、インフレーション宇宙論が予想する宇宙の真の大きさである。

大きさが10^{26}倍なら、体積はその3乗、つまり10^{78}倍となる。観測可能な宇宙に含まれる太陽のような恒星の数はざっと10^{22}個であったから、インフレーション宇宙全体では、実に$10^{22}\times10^{78}=10^{100}$個の恒星が含まれるのが自然というわけである。$10^{26}$の「26」という数字がさらに2倍、3倍大きいケースであれば、含まれる恒星の総数は実に10^{178}、あるいは10^{256}個に膨らむ。これも、インフレーション宇宙の観点からは想定の範囲内である。

ちなみに10^{100}という数字は英語で名前がついていて、〝1 googol（グーゴル）〟と呼ばれる。この宇宙には、ざっと1 googol 個の恒星が存在するというわけである。googol は１９２０年、米国の数学者エドワード・カスナーの当時9歳の甥による造語とされる。ちなみにかのGoogleは、創業者ラリー・ペイジが「1 googol ほども巨大な量の情報をもたらす検索エンジン」という意味で名付けた際にスペルミスをしたもの、ということである。ただ、カスナーの甥は Barney Google という当時のマンガのキャラクター名に触発された可能性もあるらしく、だとすれば Google の社名はむしろ大本を正しく参照しているといえるのかもしれない。

余談を重ねて恐縮だが、このマンガはビリー・デベックという漫画家によるもので、１９１９年に連載が始まり、世界的に人気を博して長く続いたものだそうだ。そして面白いことに、その絵柄を見るとまるで手塚治虫のマンガを彷彿とさせるものがある。デベックは日本での知名度は低いようで、ネットで調べても、手塚とデベックの接点を指摘したものは見当たらなかった。だが１９２８年生まれの手塚が、デベックのマンガから影響を受けたということも、あるいはあるのかもしれない。

◆インフレーション宇宙での生命誕生

というわけで、とにかく宇宙は広大である。我々が観測可能な10^{22}個という膨大な数の恒星も、インフレーション宇宙全体に比べれば、きわめて微小な領域にすぎない。地球における地平線内の面積は地球の全表面積の６５０万分の１であったが、宇宙の地平線内の体積は宇宙全体の10^{78}分の1というわけだから、さらに圧倒的に小さな領域である。そして地球以外に生命が見つかっていない現状では、10^{100}個の恒星を含むこのインフレーション宇宙全体で生命が多数発生してさえいれば、我々がこの宇宙に存在している事実と矛盾はない。宇宙全体を10^{78}個という膨大な数の区画に分けたとき、そのきわめてちっぽけな領域であるそれぞれの区画ごとに生命が発生していなければならない必然的な理由は何もないのである。ドレイクの式に立ち返れば、あのパラメータf_lの値がきわめて小さくても、10^{100}分の1より大きければ問題はないということだ。

ランダムな化学反応では、「観測可能な宇宙」全体を考えても生命は発生できないというが、「インフレーション宇宙全体」なら、もしかしたら単純な化学反応の積み重ねで生命は発生できるのではないか。2020年に私が発表した論文の出発点はまさにここにあった。

原始生命をゼロから作ることの難しさは、塩基L個の長さのRNAを作る場合、ランダムな化学反応でそれがつながる確率が$L!$分の1で減少し、また、可能な遺伝子配列の数が4^Lで急激に増大するためであった。$L!$も4^Lも、Lに対して倍々ゲーム、ねずみ算式に大きくなるのが厄介だ。しかし宇宙のインフレーションもまた、ねずみ算式に宇宙における恒星の数を増やすことができる。原始生命誕生の困難さを解決するための本質は、インフレーション宇宙にあるのではないかと考えたのである。

生命が棲める（液体の水が存在し得る）地球型惑星の存在はありふれていて、一声、太陽のような恒星の10％にはそうした惑星があると考えられている。だが、生命が実際に発生する確率f_lが1よりずっと小さければ、たかだか10個とか100個とかの恒星を眺めていても、そのなかで生命が発生している確率は非常に低いことになる。それでも、恒星の数をどんどん増やしていけば、そのなかのどれか1つで生命が発生している確率はいつか100％程度になるはずである。その恒星の数をNとしよう。

そして、原始生命の誕生に必要なＲＮＡの最小限の長さをLとしよう。非生物的な化学反応でこの長さのＲＮＡを作れば、自己複製能力を獲得して原始生命にまで進化する、という長さである。Lが短いほど、ランダムな化学反応でそのようなＲＮＡが生まれる確率も高くなり、より少ない個数Nの恒星を見るだけで生命の発見が期待できる。しかし生物学的には、Lがあまりに短いと、そんなＲＮＡが自己複製能力を持ちうるのか？という問題に行き当たる。

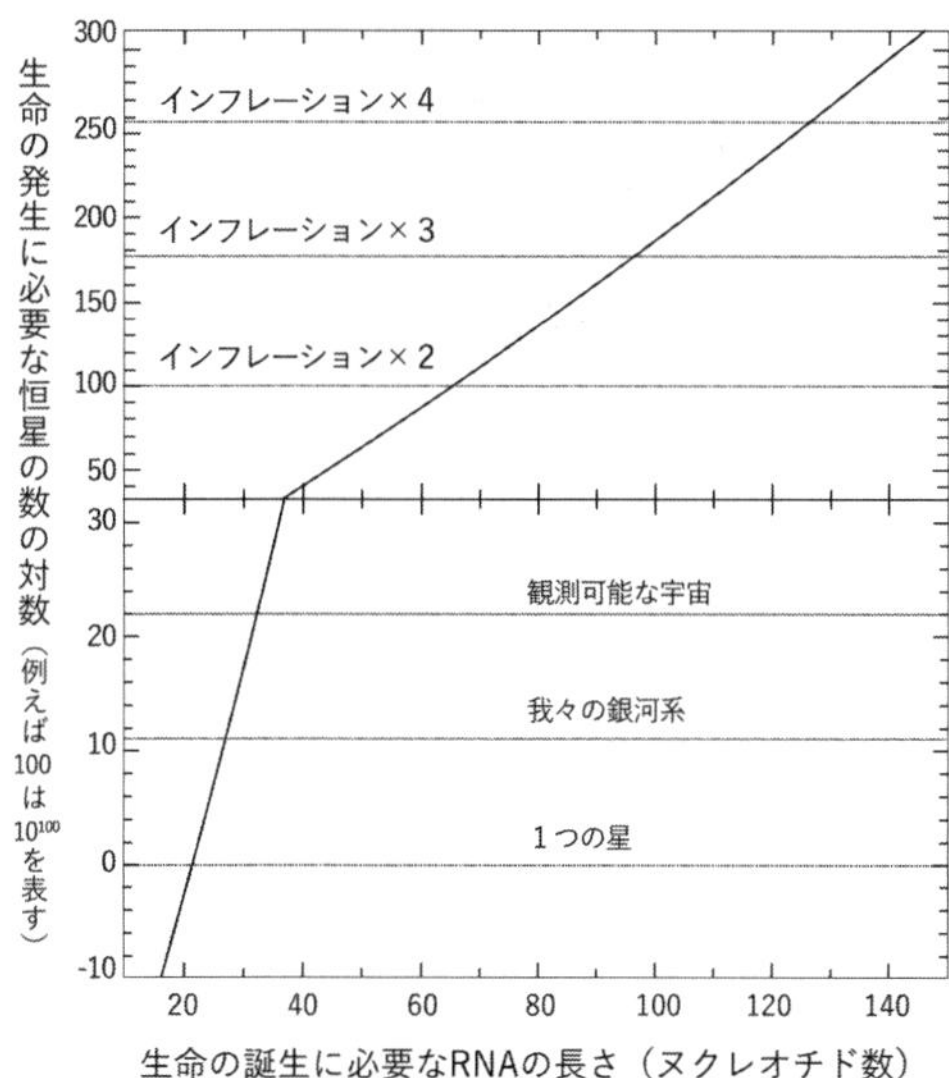

図7-2
インフレーションの大きさと原始生命のRNAの長さの関係

　これらのバランスをとりながら、我々が宇宙に存在することが説明できて、しかも生物学的にも無理のないLとNの組み合わせがあるだろうか？それが今、我々が知りたいことである。このためには、特定の遺伝子配列を持つ長さLのＲＮＡがランダムな化学反応から生じる確率を計算して、L

とNの関係式を導けばよい。

図7-2は、私が2020年に論文として発表したものを簡略化したもので、横軸にL、縦軸にNをとって両者の対応関係を示している。この計算によれば、1つの恒星だけを眺めている場合、ランダムな化学反応で生まれる最長のRNAの長さは L=21程度。つまり、ほぼすべての恒星で生命が発生するほど、宇宙は生命に満ち溢れていると期待したいのなら、L=21の長さのRNAが活性を獲得して原始生命に進化しなければならない。銀河系全体（1000億個）、あるいは観測可能な宇宙の中の恒星（10^{22}個）のうち、どれか1つで生命が生まれていればよいと考えるなら、もう少し長いRNAでもランダムな反応で作り出すことができる。ただ、それほど劇的には変わらない。L=21というのが、それぞれ、27あるいは32となる程度である。

この「ランダムに作り出せるRNAの長さ」を生物学的に要求される「自己複製可能なRNAの最小の長さ」と比較してみよう。生物学者によれば、最低、L=40ぐらいの長さがないと、自己複製能力を獲得するのは難しいということであった。つまり、ランダムな反応で生まれうるRNAのうち、観測可能な宇宙の中で最も長いもの（L=32）をもってしても、生物的な活性を持つことは期待できないことになる。以前からいわれているように、観測可能な宇宙全体を考えても、ランダムな反応だけでは生命など誕生し得ないというわけである。

だが、インフレーション宇宙を考えると状況は大きく変わる。インフレーション宇宙全体に存在する恒星の数はざっと10^{100}個となり、ランダムに生成できるＲＮＡの長さは$L=66$に延びる。生物学的に要求される最低ライン40をクリアしたことになる。もう少しインフレーションが長く続けば、10^{178}とか10^{256}個の恒星があってもおかしくなく、その場合ＲＮＡの長さは$L=97$または１２７となる。１００を超える長さのＲＮＡすら、インフレーションで誕生した宇宙であれば期待できるのだ。

ここで示したNとLを結びつける計算というのは、ものすごく不確定な要素を数多く含んでいるのではないか、と思われる読者もいることだろう。たしかにそのとおりである。例えば、原始地球において非生物的に作られた有機物質がどのくらいの量であったか、そのうちどれだけが実際に原始生命誕生のプロセスに使われたのか、あるいはまた、一つ一つの塩基がＲＮＡに結合するスピードがどのくらいであったか、などといった具合で枚挙にいとまがない。これらの不確定要素のために、原始生命誕生の確率を、例えば10桁（１００億倍）の規模で間違えていても驚きではない。

だが実は、これだけ大きな不確定性がありながら、本質的な結論には大きな影響がない、というのが面白いところである。ＲＮＡの長さLに応じて生命誕生の確率が激減するのも、インフレーションによる宇宙の膨張も、どちらも倍々ゲームで話が変わるのであった。仮に、１つの惑星における生命誕生の確率を10桁ほど間違えたとしても、「インフレーションで生まれる恒星の数が10^{100}個」と言っていたのを「10^{110}個」に変更すれば、話は元に戻る。インフレーションにかんしていえば、ベキの部分が100か110かはどうでもいい誤差にすぎない。Lが変われば倍々ゲームで生命の発生確率が変わり、インフレーションは倍々ゲームで恒星の数Nを変える。その両者の競合の前においては、その他の10桁程度の不確実性などはあまり重要ではないのである。

というわけで結論としては、「インフレーション宇宙全体のどこかで原始生命が発生していればいい」と考えるならば、原始生命誕生の最大の難問であった、「高度な遺伝情報を持ち自己複製するRNA的なもの」を作ることも、もはや深刻な問題ではないということになる。

◆右巻き・左巻きの起源、再考

では、あの「地球生物ではアミノ酸はもっぱら左巻き、核酸は右巻き」という問題はどうなるであろうか？　まず、生命が成立する条件として、RNAが活性を持つにはもっぱら左巻きあるいは右巻きでなければならないと考えよう。右巻きと左巻きが混在していると、RNAの取り得る構造もめちゃくちゃに変わってしまう。RNAが自己複製能力を持てるような秩序だった構造を取るための条件と考えれば、さほどおかしな話ではなかろう。

材料のヌクレオチドが左右等量だけ存在している環境で、長さ100のRNAがランダムな反応で作られたときに、それが完全に左巻きあるいは右巻きである確率は10^{30}分の1であった。恐ろしく小さな確率だが、インフレーション宇宙の観点からはさして深刻ではない。ちょっと長めのインフレーションを考えれば、宇宙における恒星の数は簡単に10^{30}倍になるのである。そう思えば、右巻き・左巻きの問題も実は解決してしまう。広大な宇宙のあちこちでＲＮＡを組み立てる試みが行われており、その中で「たまたま」すべて右巻き、あるいは左巻きで組み上がった惑星においてだけ、生命が誕生すると考えればいい。広大なインフレーション宇宙全体では多数の生命が発生しているはずであり、それらは右巻きの核酸だけを使う生命とその逆と、同じ数だけ存在しているであろう。

もちろん、これが右巻き左巻き問題の正しい解答であると断定するつもりはない。もしかしたら、右巻きか左巻きだけを選んでＲＮＡを組み立てる、未知のメカニズムがあるのかもしれない。だが、インフレーション宇宙論の立場にたてば、自己複製するＲＮＡの誕生だけでなく、この問題まで説明できてしまうことは特筆すべきであろう。

◆生命の起源問題の現在地

本章を終えるにあたり、ここまで語ってきたことを踏まえて、生命の起源という問題について、現在の筆者の考えをまとめておこう。

「半径１３８億光年という広大な宇宙を考えても、ランダムな化学反応から生命が偶然にできあがる確率はきわめて低い」という従来の問題は、さらに圧倒的に広大なインフレーション宇宙全体を考えれば、実は解決できることがわかった。これは自然科学の枠組みの中で、原始生命が物理法則にもとづいて誕生する道筋が、少なくとも1つは存在することを意味している。生命の起源は科学の範囲で理解可能であり、一見、確率が非常に低いからといって、神や超科学的なものを持ち出す必要はないということだ。筆者が２０２０年に出した論文に何かしらの意義があるとすれば、この点が最も重要なことだと個人的には考えている。

しかし当時、多くのメディアや社会の反応は別のところに集中した。「宇宙の中で生命とはそんなにレアな存在なのか！」というものだったのである。実際、私の説が正しければ、我々が見渡す「観測可能な宇宙」の中の10^{22}個の恒星をくまなく探しても、生命はおそらく我々のみであろう。それでも、地球外生命が一つも見つかっていない以上、我々が知る観測事実との間になんの矛盾もない。

もちろん、現時点でこれは一つの仮説にすぎない。実際の原始生命の発生プロセスは、まったく異なるものである可能性も十分に残されている。そしてもし、ランダムな化学反応よりずっと効率よく、短時間に長鎖のＲＮＡを合成する未知のプロセスが実在するのであれば、宇宙における生命の発生数はここでの見積もりよりずっと多くなる。次章で詳しく述べるが、我々が将来、地球外生命を見つけたいと思うならば、そうした可能性に託すしかない。もちろん私も、地球外生命が見つかるならそれはとても興奮すべきことだと思う。この半径１３８億光年の中にある膨大な数の銀河と恒星のなかに、生命は地球だけなんて寂しすぎるという気持ちもよくわかる。しかし冷徹に、そして科学的に考えたとき、我々が知るすべての観測事実を説明する上で、そのような未知のＲＮＡ合成プロセスなどなくてもよい、その必要がない、というのもまた事実なのである。

ではその場合、地球とはとてつもなく希少な、特別な惑星となるのだろうか？

「コペルニクスの原理」という概念がある。我々は特別なものではなく、宇宙でありふれた存在であるという考え方だ。これは確率的には当たり前の話で、我々が億万長者の家に生まれるか、平均的な家庭に生まれるか、どちらの確率が高いかは明らかである。実際、科学の歴史は、我々がそうした普通の存在であることを暴いてきた歴史でもある。地球は宇宙の中心ではなく、太陽の周りを公転する惑星の１つにすぎない（「コペルニクスの原理」は、この地動説を提唱したコペルニクスにちなむ）。太陽は銀河系の中にある１０００億個の恒星の１つにすぎず、銀河系は観測可能な宇宙の中にある１０００億個の銀河のなかでありふれた１つにすぎない。その観測可能な宇宙の中に、生命を育む惑星が地球だけとすれば、コペルニクスの原理に反するのではないか？

実はこれは、まったく矛盾しない。宇宙において普通の存在であるということと、我々が同類を近くに見つけられるかどうかは別の話だからだ。宇宙の地平線内で生命が我々だけだとしても、インフレーションで生まれた宇宙全体には、自然な化学反応から誕生した生命を育む惑星が多数存在しているはずである。そこに神の意志や超自然的なものが入り込む余地はない。その意味で、我々はやはりありふれた存在ということになる。地球で喩えるなら、大都市というものが存在せず、半径5キロの地平線内に1つ以下の集落しかないような状態を想像すればいい。そんな地球で生きる人類は、それぞれの地平線の中では唯一の存在かもしれないが、地球全体で見れば特別な存在でも何でもないのである。ただ宇宙の場合は、地平線の向こう側にいる友人に連絡する手段がないことだけが残念である。

第八章
地球外生命は見つかるか？

◆地球外生命探査の現状と展望

地球外生命はいるのか——それはもはや自然科学という枠組みを超えて、すべての人類にとってきわめて根源的で興味の尽きない問いかけであろう。前章の結論から読者の皆さんも容易に想像できると思うが、私の考えは残念ながら、地球外生命が見つかる可能性はきわめて低いというものである。だが人間の理論的予想など、たいてい、当てにならぬものである。ここではむしろ夢と希望を持って（?）、現在から近未来にかけて、人類が地球外生命を探査する能力がどれだけ発展し、どこでどのような地球外生命を見つける可能性があるのか、といった話をしていこう。そしてもし地球外生命が見つかったら、それが何を意味するのかについて考察を深めたい。

◆太陽系内の生命探査

地球外生命が存在しそうな最も身近な場所といえば、やはり太陽系内の惑星や衛星ということになるだろう。惑星のなかで地球に最も近い地表環境を持っているのはお隣の火星である。現在の火星表面では液体の水は存在できず、氷か水蒸気のどちらかになるとされている。しかし過去に水が流れたような地形が多く見つかっており、かつては液体の水が存在できたのではないかといわれている。今後の火星探査で、かろうじて生き残っている生命あるいはかつて存在した生命の痕跡が見つかる可能性は排除できない。

もう一つのお隣の惑星である金星は、かなり過酷な環境である。地球の大気圧の約１００倍という分厚い大気に覆われており、二酸化炭素を主成分とするその大気の温室効果により、地表の温度は摂氏４６０度に達する。普通に考えれば、液体の水を用いる地球型生命の存在は期待できない。ただ２０２０年に、金星の大気からホスフィンと呼ばれる、リン原子に水素原子が３つ結合した有機分子を検出したという報告があり、議論を呼び起こした。地球上ではこの分子はおもに嫌気性の微生物によって生成されるものなので、金星大気のホスフィンもやはり生命起源なのでは、という議論である。ただし、生命起源でなくてもホスフィンが生まれる化学反応ネットワークが存在する可能性もある。さらには、そもそもこのホスフィンの検出は統計的有意性が低く、他の研究者による解析ではホスフィンが検出されないなど、話が確定するまでにはまだ時間がかかりそうである。

木星や土星といった巨大ガス惑星となると、地球型惑星のような硬い地表や海が存在しないので、生命の存在は考えにくい。しかしそれらの周囲をまわる衛星は別で、これらは地球型惑星と同じく、原始太陽系星雲中の微惑星からできた岩石質の天体である。巨大ガス惑星ができる領域は雪線の外側、つまり氷を多分に含んだ微惑星が形成された領域である。これから自然に予想されるとおり、木星や土星の衛星は氷に覆われたものが多い。木星の衛星エウロパは地球の120分の1の質量だが、そのうち10％は水であるといわれている。地球の海水の総量は地球質量のわずか0・02％であることに比べれば、エウロパこそ水の星といえる。

そして興味深いことに、表面は極低温で固体の氷になっていても、衛星の内部には液体の水の海が存在していることが、木星・土星のいくつかの氷衛星で示唆されている。その代表例がエウロパである。表面は冷たい氷であっても、何らかのエネルギー源（衛星が誕生した際の重力エネルギーが熱となって残っているものや、放射性元素の崩壊、あるいは他の衛星や主惑星の重力で生じる潮汐力）によって内部は液体の水となりうるのである。なかでも土星の衛星エンセラダスでは、氷の裂け目から噴水のように海水が噴き出す現象が観測されており、その成分には水だけでなく有機化合物まで見つかっている。エネルギー源と液体の水に加えて有機物まであるのだから、太陽光を必要としない微生物ぐらいは生まれていてもおかしくはない。

最後にユニークな探査対象として土星の衛星タイタンを挙げておこう。その直径は5150キロメートルで、土星では最大の衛星であり、太陽系の中でも木星の衛星ガニメデに次ぐ巨大衛星である。惑星である水星よりも大きい。その巨大な重力のため、分厚い大気を保持している。その主成分は現在の地球と同じく窒素なのだが、面白いことに、二番目に多い成分として数％程度のメタンを含んでいる。地球大気ではメタンの割合が１００万分の１程度にすぎないことを考えれば、これは大量というべきである。炭素原子に４つの水素原子が結合した有機物であるメタンがこれほど多いのは、ほとんど水素ガスの塊ともいえる巨大ガス惑星である土星の近くで生まれたせいであろう。

タイタンの表面温度は摂氏マイナス１７８度という低温であり、液体の水は存在できない。しかし面白いのは、この温度ではメタンが液体として存在することができて、しかも実際に探査機でメタンの湖が発見されている。となると、水ではなく液体のメタンを化学反応の媒体とする生命が存在し得るかもしれない、という想像も可能となる。水は極性溶媒である点が生命のゆりかごとして重要な特性であったのに対し、メタンは非極性溶媒である。したがって、もし生命がいるとしても、地球生物とは似ても似つかぬものであろう。地球生命とはまったく異なる生命システムが可能か、という問いの観点からは、きわめて興味深い探査対象といえる。

◆太陽系外の生命探査

太陽系内の天体は地球に近く、直接、探査機を飛ばしてサンプルを採取できるという点で、地球外生命探査の重要なターゲットである。しかし一方で、地球と同じような環境の天体は一つもないし、そもそも太陽系内に存在する生命は地球だけかもしれない。もっと地球に似た環境を持つ惑星であれば、生命が発生している可能性も当然、高くなると期待できる。そのような惑星を調べることができるのが、天文学における太陽系外惑星観測である。

太陽系外惑星が発見され始めたのは１９９０年代で、天文学の中でもかなり若い分野といえる。しかしそれ以降急激な発展を遂げて、今では５０００を超える数の太陽系外惑星が確認されている。といっても、直接、惑星を見ているケースはごくわずかである。主星である恒星が明るすぎて、そのすぐ脇を公転する惑星を直接観測することはきわめて難しい。望遠鏡が撮影した画像で直接的に検出されている系外惑星は、生まれて間もない若い恒星のまわりを比較的離れた軌道で公転しているものにかぎられる。冷え切った太陽系の惑星に比べ、若い惑星はまだ熱を持っていて明るいのである。その他のほとんどの系外惑星は、間接的な手法で見つけられたものである。

最も早くから発展したのは視線速度法という手法である。地球が太陽のまわりを公転しても、巨大な太陽はほとんど影響を受けない。しかし地球からの重力に引かれて、わずかにその位置はふらついている。遠方の恒星にもそのような「ふらつき」があれば、視線方向に運動速度を持つ。この運動によるドップラー効果により、恒星の放つ光の波長がわずかに周期的に変化し、惑星の存在とその質量がわかる。また、トランジット法と呼ばれる手法では、惑星が恒星の前を横

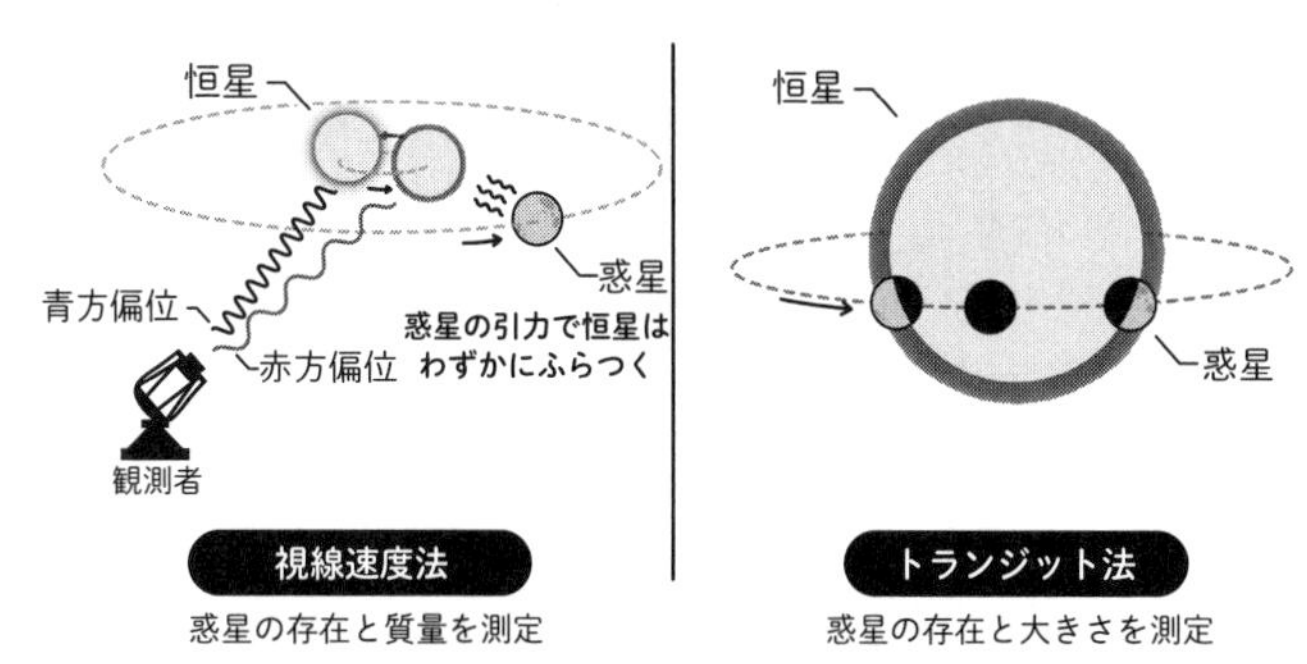

図8-1　視線速度法とトランジット法

切る際に、その惑星の面積の分だけ恒星が隠されて暗くなるところを捉える。我々から見て、惑星の公転面がほとんど水平に寝ているような恒星に対してしか使えない手法だが、恒星が暗くなる度合いから惑星の大きさを割り出すことができる。

こうした手法を駆使して数多くの系外惑星が発見され、その物理的性質が調べられている。大きな惑星ほど見つかりやすいため、その多くは地球より大きな惑星であるが、なかには、地球より少し大きいぐらいの地球型惑星がハビタブルゾーンを公転しているような惑星系も見つかりつつある。生命が発生していてもおかしくないような環境の惑星が、実際に見つかりつつあるということだ。

そうなると次のステップは、こうした有望な惑星に生命が存在しているかを調べることである。もちろん、それは天文観測としてさらに困難なものとなるが、次世代の巨大宇宙望遠鏡によって、近い将来に実現するかもしれない。トランジット中、つまり惑星が恒星の前を横切っているとき、その恒星から我々に届く光の一部は、手前の惑星の大気を通過してくることになる。だから恒星の明るさの変化を詳しく調べることで、惑星の大気組成を調べることが可能だ。さらには超高解像度の画像で、惑星が放つ光を主星から分離して直接観測できるかもしれない。ただし、惑星そのものを広がった天体として撮影し、ここが海、ここが陸とまで見分けるような観測は、おそらくかなり遠い未来まで無理であろう。当面は、惑星からの光を波長ごとに分解することで、大気組成を調べたり、海や陸の兆候を探したりということになる。

そして何より興味深いのは、もちろん、生命の兆候を捉えられるかどうかである。特に注目されるのは大気中の酸素の存在だ。地球が誕生した頃の大気は二酸化炭素などが主成分で、酸素は存在しなかった。現在の地球大気に酸素分子が豊富に存在しているのは植物が大繁殖して光合成を行った結果である。酸素は反応性に富んでおり、すぐに他の物質と酸化反応を起こして消失してしまう。それはエネルギーを放出する発熱反応であり、エントロピーが増大する自然な反応だ。逆にいえば、酸素分子を生み出すには外からエネルギーを与える必要があり、簡単に起こることではない。地球大気の場合は、太陽から注入される光エネルギーを生物が自らの中に取り込んだという活動の結果なのだ。

ハビタブルゾーンに存在する地球型惑星の大気に酸素分子が豊富に存在することがわかれば、

その惑星には生命がいるのではないかという期待が俄然高まるだろう。他にも、陸地を植物が覆っていれば、植物が光を反射する際に波長に応じて反射率が異なる（くだいて言えば、緑色の光が強く反射される）ため、系外惑星からの光に特徴的なパターンが刻まれる。これも生命存在の兆候として有望とされている。ただし、地球大気の酸素濃度が現在のように高くなったのは、多細胞生物が誕生して生物が一気に多様化した、現在から約5億年以内のことにすぎない。陸上を植物が覆い尽くしたのも同様である。となると、酸素や植物の反射パターンで生命を検出できるのは、多細胞生物など比較的高等な生物が出現している惑星に限られ、時間的にもその惑星の歴史のなかの一部の期間（地球の場合は10分の1程度）でしかない。

さらに難しいのは、生命の存在を示すような兆候を見つけても、それが本当に生命に起因するものであることを証明することである。惑星大気において、非生物的に酸素分子が生成される可能性もいろいろと議論されている。植物の光反射パターンにしても、何か非生物的な物質が似たような反射パターンを持つ可能性は十分に考えられる。多くの研究者は、一つや二つの兆候を捉えたところで、万人が生命の存在を納得できるようなものにはならないだろうと考えている。観測データから得られた複数の兆候を理論研究と比較して、総合的に判断するしかなさそうだ。悲観的な研究者の中には、系外惑星観測で生命の存在を疑いなく証明することなど不可能だという見方をする人もいる。もどかしいところだが、今後の研究の発展に期待したい。

◆地球外知的生命探査

太陽系外惑星の天文観測では完璧な「太陽系外生命の証明」が難しいのに対し、一つ、疑いなく生命起源と思われるシグナルを太陽系外から受信できるかもしれない探査法がある。太陽系外の知的生命体がつくる文明が送信する電波信号を探索する、いわゆるＳＥＴＩである。自然のものとは到底思えない、明らかに人工的な信号を他の恒星から受信すれば、それは疑いのない太陽系外生命の証拠となるかもしれない。第六章で紹介したドレイクの式も、その可能性を見積もるために考え出されたのであった。

ただし原始的な微生物と異なり、知的生命体が生まれる確率はさらにずっと低い可能性も十分に考えられる。ここではドレイクの式（第六章 図６－１）を詳しく検討して、将来、地球外知的生命体からのメッセージを受け取れる可能性がどれだけあるのかを考えてみよう。

銀河系のなかで、これまでにどれだけの恒星が生まれ、そのうちどれだけの割合で生命が居住できそうな惑星が存在するか。これは現在までの天文学の発展のおかげでかなりよくわかっている。銀河系はざっと１００億年をかけて、そこに含まれる約１０００億個の恒星をつくってきた。平均ペースにして1年で10個である。そして、そのうち10％程度の恒星には、ハビタブルゾーンに地球型惑星があると見積もられている。これで、ドレイクの式の最初の３つの因子は決まったことになる。

次の因子、f_l が恐ろしく不確定であることは、これまでに述べたとおりである。そして次の2つの因子、つまり知的生命体にまで進化して恒星間通信を行う確率もまた難しい。地球の例を見れば、40億年ほどかければかなりの確率で原始生命から知的生命体に進化するものなのかもしれない。一方、第六章で述べたように、地球が生まれてすぐに原始生命が誕生した一方、生命が生存できる最後のギリギリのタイミングで間に合って人類が現れたとするならば、知的生命体にまで進化するのに要する平均的な時間はこれよりずっと長く、たまたま地球は短時間で知的生命体が現れたのかもしれない。

そしてもう一つ興味深い因子が最後のL、つまり知的生命体が交信可能である状態の持続期間である。これは文明が存続する寿命と言い換えてもいい。これもまた見積もりが難しい。楽観的に考えれば、地球は現在からあと10億年ほどは生命が存在できる環境が続くと思われ、文明もまたそれぐらいの長さで存続するものなのかもしれない（ただし、過去10億年で生命がどれだけ進化してきたかを考えれば、仮にそんな超未来に我々の子孫が生きていたとしても、まったく別の生物種になっているであろう）。だが、我々がいる「位置」が自然かどうかという観点で考えると、知的文明の寿命についてまったく別の予想が成り立つ。過去から未来にわたり、この世に生まれくるすべての人間のなかで、現代を生きる我々は歴史的にどのような位置にいるのか、ということである。

現生人類、つまりホモ・サピエンスが現れてからざっと10万年という時間が流れている。その間にこの世に生まれたすべてのヒトの総数は、約1000億人と見積もられているそうである。現在の地球人口が約80億なので、8％の人間が現在という時間を生きていることになる。これは考えてみれば実に大きな数字だ。人間の寿命を一声50年とすれば、これは10万年の0・05％にすぎない。もしヒトが生まれるペースが10万年の間、一定であったとすれば、現在という時間を生きるヒトは全時代にわたる総数の0・05％でしかないはずなのだ。その100倍以上という多数の人間が今の時代を生きているのは、ヒトの総人口が時代とともに急激に増加してきたためである。

人類の文明が継続するかぎり、歴史上で生まれたヒトの総数も増大を続ける。ある一人の人間が、その膨大な数のヒトのどの個体として生まれるかは、もちろん、運である。そしてその人にとり、自分の前と後の時代にどれだけの数の人間がいるのが自然だろうか。統計的には、その人の位置が時間軸上で中庸、つまり自分の時代より前にも後ろにも、同じ程度の数のヒトが存在しているのが自然であろう。ということは、今を生きる我々としては、未来にもざっと1000億人程度のヒトが現れると考えるのが自然ということになる。

地球に住み続けるかぎり、人口がこれより大きく増えるのはキャパシティから考えて難しそうである。そこで今後、地球の人口が一定で、平均寿命が80年と考えると、年間1億人が新たに生まれるペースである。したがって、1000年後までには新たに1000億人のヒトがこの世に現れる。もし我々が、時間軸上でちょうど中間の位置にいるとすれば、人類の文明が続くのはなんと、あとわずか1000年ということになってしまう。ちなみに人類が他の惑星やスペースコロニーに進出して人口が今後さらに増えるとすれば、この見積もりはさらに短いものになる。

もちろん、我々が時間軸上で全人類のちょうど中間にいなければならない理由はない。それでも、人類の文明がこのまま10万年続くなら、10兆の人間が新たに生まれることになり、我々は全人類のうち、初期の1％の集団に属することになる。確率1％のことが日常生活で起こり得ないわけではないが、かなりレアな位置にいることになる。そしてもし今後1億年の間、このペースで人間が生まれていけば、全人類の数は1兆の1万倍、つまり1京に到達し、我々は全人類のうちわずか0・001％にあたる最初期の集団に属することになる。これもけっしてあり得ないことではないが、やはり人類の文明は1億年も長くは続かないと考えるほうがよいのかもしれない。

（1）原始生命が誕生する確率

ドレイクの式に戻ろう。結局のところ、

（2）知的生命体にまで進化する確率
（3）文明の継続時間

の3つのパラメータの不確実性が大きすぎて、我々が地球外文明からの信号を受信できるかについては、確かなことは何もいえないという結論となる。思いっきり楽観的に考えるなら、銀河系のほぼすべての恒星に生命が棲める惑星があり、その惑星でかならず原始生命が誕生し、そして知的生命体にまで進化し、100億年という長い時間にわたり文明を存続させているということも、あり得ない話ではない。この場合は銀河系の全恒星数である1000億に近い数の文明が今、銀河系に存在しているであろう。文明の持続時間を10万年とすれば、この数は一気に100万に減ってしまうが、それでも、宇宙人との交信を夢見たくなる数字ではないか。

ただ、ドレイクの式はあくまで「現在存在している文明の数」を算出するだけであり、実際に遠くの恒星にある文明と交信するのが技術的に可能か、という観点は含まれていない。これまでにも電波望遠鏡を使ってSETIの試みがなされたことはあったが、感度的には、先方の惑星がよほど強力な電波を地球に向けて放ってでもいないかぎりは、検出が現実的に見込めるようなものではなかった。

そんな先方の文明の親切（?）に頼った他力本願の探査を脱却するには、例えば、我々地球の文明を基準とするのであれば、地球から日々、宇宙空間に向かって漏れていくテレビなどの通信電波を何光年も先から傍受するだけの感度が必要だ。実は、そんな現実的なＳＥＴＩも近い将来に可能になるほど、近年の天文学の発展は著しい。現在計画されている次世代の大型電波干渉計を使えば、10光年先にある惑星が地球と同程度の通信電波を発しているのを捉えることができるといわれている。ただし、10光年というのは太陽のすぐ隣の恒星といってもいい距離であり、そこに文明があるとすれば、それは銀河系の恒星の大部分に文明が存在していることを意味する。上で見たように、ドレイクの式の複数のパラメータに相当楽観的な数値を入れないかぎりは、確率的には期待できないことになる。

ちなみに地球外知的生命体に関しては、フェルミのパラドックスというものが有名である。20世紀前半に活躍した物理学者エンリコ・フェルミが提起したもので、「銀河系に数多くの恒星があり、それらに文明が発達しうるなら、なぜ高度に進化した知的生命体が地球までやって来ていないのか？」という問いである。これについてはさまざまな解答が提案されているが、ここまで本書を読まれてきた読者なら、筆者の立場はおわかりだろう。知的生命体以前に、そもそも原始的な生命すら誕生する確率はきわめて低く、銀河系どころか観測可能な宇宙の中で生命は地球だけ、という可能性が十分にある。そう思えば、宇宙人が地球にやってこなくても何ら不思議なことではない。

◆地球外生命は見つかるか?

前節までに見たどの方法をとるにしても、太陽系内、あるいは太陽系にごく近い系外惑星で生命が発生していなければ、近い将来の地球外生命の発見は望めない。これは原始生命の発生回数期待値 f_l がほぼ1、つまり生命が居住できる惑星には100%に近い高率で生命が発生している必要がある、ということだ。この可能性はどれぐらい期待できるのだろうか。

前章で見たように、我々が知る観測事実から許される f_l の範囲はきわめて広い。1よりずっと大きいというケースは、地球で原始生命の発生が多数回起きた証拠がないことから、可能性は低そうだ。一方、10^{100}分の1程度より大きければ、我々がここに存在していることは矛盾なく説明できてしまう。では、10^{100}分の1から1までの間でどこでも取りうるとした場合、f_l の値がほぼ1になる確率はどの程度なのか。これは f_l の確率分布がわからない以上、正確な答えなど出しようがない問いである。

f_l がほぼゼロから1まで分布しうるのなら、1に近い確率も結構あるのではないか、と思われる読者もいるかもしれない。だが物理学に馴染んだ人間は、こういうときは対数、つまり桁で考える習性を持っている。実際、物理学や天文学では何桁、何十桁も異なる数値が頻繁に登場する。例えば長さスケールでは、観測可能な宇宙の大きさである138億光年は水素原子半径の約

10^{36}倍であり、質量では太陽は陽子の10^{57}個分である。

粒子に働く力は自然界に4種類存在することが知られているが、その強さもさまざまである。電磁気力や、原子核内で働く「強い力」は比較的強く、例えば3つのクォークからなる複合粒子である陽子の半径は約10兆分の1センチメートルであり、このぐらい陽子同士が接近すれば強い力による核反応が起きる。しかし「弱い力」しか働かない粒子として有名なニュートリノは、陽子の中に突っ込んでも反応が起こるのは1000兆回に一度程度しかない。しかしこの「弱い力」よりさらに弱いのが実は重力で、陽子と電子の間に働く重力は電気の力に比べて何と10^{39}分の1でしかない。にもかかわらず、天体や宇宙のスケールでは重力が最も重要な力となるのはなぜか。これは、物質中にはプラスとマイナスの電荷を持つ粒子が等量あるので電気的な力が相殺して消える一方、質量に対して万有引力として働く重力はそのような相殺効果が働かないためである。

このように実にさまざまな強さの力の作用でさまざまな素粒子、原子、分子が反応を起こし、多様な元素が生まれ、素粒子に比べて何十桁も大きなスケールで恒星や惑星、銀河などの天体が宇宙に生まれた。原始生命の誕生は、その結果として起きた。そう考えれば、f_lが取りうる値の範囲も、何十桁にもわたると考えるのが自然であろう。そもそも、f_lとは1つの地球型惑星において原始生命が発生する確率あるいは回数期待値であった。だが原始生命が発生するプロセスはミクロスケールの分子の化学反応で決まるものであり、そこに惑星全体での物質量などが関係するとは思えない。つまり、「1つの惑星において原始生命が発生する期待回数がちょうど1程度」でなければならない必然性は何もないのである。むしろ、f_lは1よりずっと小さいか、ずっと大きいというのが自然である。そして後者は、原始生命が地球で一度しか発生した証拠がないことから、可能性は低い。

ここまでの考察を踏まえて、f_lの値が1程度か、あるいは1よりずっと小さいか、いずれかの可能性に賭けろといわれれば、どちらに賭けるのが賢明か。私には、答えは明らかのように思える。そしてそれは残念ながら、「地球外生命は見つかるか」という賭けと、ほぼ同義なのである。

地球外生命の探査は、今や巨大科学プロジェクトとなっている。太陽系外惑星を狙う次世代の大型宇宙望遠鏡のコストは日本円で実に一兆円という規模である。むろん、宇宙望遠鏡の科学目的は地球外生命探査だけでなく、天文学全体を大きく進展させるものであり、天文学者の一人として実現してくれればうれしいと思っている。もしかしたら本当にf_lが1程度で、地球外生命が見つかるかもしれないし、見つかれば人類史上、最大級の大発見だ。

だが見つからなかったとき、何が得られるだろうか？　太陽近傍の系外惑星を数十個観測して生命が見つからなかったとき、得られるのはせいぜい、f_lが10%以下であるという上限値である。このパラメータの取りうる範囲が10^{100}分の1から1までとすれば、桁でいえばわずかに100分の1の領域を棄却したにすぎないことになる。地球外生命の探査は確かに魅力的である。しかし、とてつもない大博打を打っているような側面があることも、正しく認識されるべきであろう。

◆もう一つの地球外生命の可能性・パンスペルミア

前節の結論は、地球外生命を見つけたいという人類の夢の観点から考えると、残念ながら大変悲観的なものであった。だが、地球外生命を見つけられる確率はこれよりずっと高いかもしれないという、意外な可能性がある。我々地球生命と同じ起源を持つ「兄弟」の生命を地球外に見つけるという可能性である。

前節の議論は、地球生命とはまったく独立に、非生物的に発生する生命を想定していた。一方で、地球生命の起源を地球外の宇宙に求めるパンスペルミア説の立場にたてば、地球の外に我々と同根の生命が生きている、あるいは生きていたことが期待される。

そしてパンスペルミア説の近年の研究によれば、少なくとも、太陽系の惑星の間で生きた生命をやりとりする可能性はあながち荒唐無稽なものではなく、起きてもおかしくないのではないかとまでいわれている。それを雄弁に主張するのが、隕石である。地球に落下して採取された隕石のうちある種のものは、岩石の成分解析からそれが火星から飛来したものだと判明している。火星の表面にあった岩石が、どうやって地球に飛来することになったのだろうか?

これらは、ずっと巨大な小惑星が隕石として火星に衝突し、その際に火星表面の岩石の欠片が重力を振り切って惑星間空間に放出されたものだと考えられている。地球でも、ご存知のように6600万年前に直径10キロメートルという巨大な隕石が衝突し、恐竜が滅んだ。その際、大量の岩石や砂、塵が地球の重力を振り切って宇宙空間に撒き散らされたはずである。見積もりによれば、衝突した隕石の質量のおよそ0・1%程度の質量の岩石や粉塵が、さほど高温になったり融けたりせずに宇宙空間に飛び出すという(実際、火星由来の隕石はさほど高温で変成作用を受けたわけではない)。

そのような岩石や粒子は惑星間空間を漂い、地球など他の惑星と一緒に太陽のまわりを公転する。だが何周もしているうちに、いずれ、他の惑星の重力圏に捕らわれて落下するものが多いと考えられる。ならば、他の惑星に落下した地球起源の岩石の中に微生物が潜(ひそ)んでいた可能性があるのではないか。もちろん、宇宙空間を漂う岩石には水も空気もないのだから、微生物が地球と同じ様に生命活動するのは難しい。だが微生物の中には、水や空気のない極限環境でも冬眠したり、あるいは種子や胞子の状態で保存されたりして、長期間生き延びるものもあるらしい。そうなると、他の惑星に落下してから息を吹き返す微生物がいてもおかしくなくなる。もし将来、火星で生きた生命や、過去の生命の痕跡が見つかったというニュースが報じられたら、私はまず、それが地球生命と同根のものである可能性を想起するだろう。それは地球で生まれた生命が火星に到達したのかもしれないし、あるいは、生命は実は火星で生まれ、我々のご先祖様が地球まで宇宙旅行をしたのかもしれない。

さらに面白いのは、これらの粒子の一部は惑星の重力によって散乱されて、太陽系すら脱出して恒星間空間に飛び出すものもあるということだ。銀河系の恒星間空間にはそういう粒子が一定数、漂っているはずである。それらがやがて、ある別の恒星の中の地球型惑星に運よく着陸し、そこで新たな生命圏を生み出す可能性すら考えられる。ただし計算してみると、生きた生命が別の恒星にまで移動する確率はさすがに恐ろしく低く、そう簡単に期待できるものではなさそうだ。しかし、原始生命が発生する確率 f_l もまた、それ以上に小さい可能性が十分にある。したがって私は、もし将来、太陽に近い恒星のまわりの惑星を宇宙望遠鏡で観測し、「生命の兆候を捉えた！」という報告を聞いたとすれば、それもやはり、「地球生命と同根の生命ではないか？」と考えるであろう。

◆太陽系外から飛来する微粒子に地球外生命の痕跡を探す？

最後に、パンスペルミア説に着想を得た、新しい地球外生命の探査法についてふれておこう。

手前味噌で恐縮だが、これは筆者が2023年に論文として発表したものである。本章で見てきたように、太陽系の外に地球外生命を探す方法はかぎられている。太陽系外惑星を天文観測する手法は、生命の兆候が本当に生命起源であることの証明が難しいし、SETIは知的生命体や文明にかぎられる。原始的な地球外生命を、より直接的に探査する方法はないだろうか?

前節で述べたとおり、生命が居住可能な地球型惑星の表面にある物質は、時折起こる巨大隕石の衝突によって宇宙空間にばらまかれ、一部は惑星系を脱出して恒星間空間に達する。そうした岩石に生きたままの微生物が乗り、別の恒星にたどり着く確率はきわめて低い。その大きな理由の一つが、キログラム程度以上の大きな岩石でないと、宇宙空間に存在する強力な放射線などの高エネルギー粒子から微生物を守れないからである。大きな岩石はそれだけ数が少なく、別の恒星に達する確率もそれだけ下がる。

だが、太陽系外に生命がいるかどうかを調べるのが目的ならば、何も生きた微生物がそのまま飛んでくるケースに限定する必要はない。微生物の死骸や化石(微化石という)、あるいは、生命活動に由来する岩石鉱物などでも、生命痕跡となりうる。地球ではさまざまな種類の岩石にさまざまな鉱物が含まれ、その多様性は火星など他の惑星に比べて圧倒的である。この多様性は実は地球に生命が生まれ、地球と共進化してきたためだといわれている。例えば、有名な石灰岩は生物起源でできたものもあり、それらは炭酸カルシウムを主成分とするサンゴや貝殻が堆積して形成されたものである。地球のように表面が生命に満ち溢れた惑星であれば、隕石衝突で宇宙空間にまき散らされる粒子のかなりの割合に、生命痕跡が含まれるはずである。

こうした生命痕跡を捕らえるのが目的であれば、キログラム程度といわず、砂粒やもっと細かい微粒子でも可能であろう。そうした粒子は膨大な数で銀河系の恒星間空間に蓄積し、飛び交い、その一部は一定の頻度で太陽系に入り込み、そして地球にまでやってくる。それを捕らえれば、直接的なサンプルにもとづく太陽系外生命の探査となる。粒子のサイズとしては、1マイクロメートル（1000分の1ミリメートル）程度がよかろう。微生物の死骸や化石がそのまま含まれうる大きさであり、かつ、故郷の惑星を脱出して地球に到達するまでのさまざまなプロセスにも耐えうる大きさである。

ではそんな微粒子は、いったいどれくらいの数で地球に降り注いでいるのだろうか？　関連するさまざまなプロセスに不確実な要素が多く、精度の高い見積もりは難しいのだが、ともかくはじめて数字をはじき出したのが筆者の研究結果で、それは年間約10万個となった。結構な数ではないか。これくらい小さな粒子は、大気圏ですぐに減速されて、さほど高温にならずに地上に降ってくると考えられている。想像してみてほしい。はるか太陽系外の惑星からはじき飛ばされた、生命の痕跡を含んだ粒子が日々、我々の足元に落ちてきているかもしれないのだ。

これらの粒子を捕らえ、集めることができれば、直接的なサンプルによる太陽系外の原始的生命の探査が、少なくとも原理的には可能である。最も直接的な方法は、宇宙空間に検出器を並べて、飛んでくる粒子を直接捕獲することだろう。粒子の軌道を見れば、太陽系外からやってきたかどうかも判別可能だ。実際、太陽系の外からやってきたと思われる微粒子を太陽系の中を飛ぶ探査機がすでに捕獲している。

　地球に落ちてきた微粒子を集めるという可能性も考えられる。一見、とても難しそうだが、実は、地球の外から降ってきた微粒子はすでに地球上で採取することができている。太陽系の惑星間空間には、惑星間塵と呼ばれる微粒子が漂っていて、それが年間数万トンという量で地球に降り注いでいるのである。何万年もかかって蓄積した南極の氷や、深海底の粘土層などから、そうした惑星間塵の微粒子を採取できるのである。

　もちろん、現実にはそう簡単ではない。最も難しいのは、その他の膨大な数の微粒子の中から、本当に太陽系外の惑星に起源を持つ微粒子を選び出すことだ。特に、地球に落ちてきた微粒子はそれが難しい。年間10万個といっても、わずか1マイクロメートルの微粒子の総質量は微々たるもので、数万トンで地球に降る惑星間塵に比べれば、1京（10^{16}）分の1以下である。まさに、砂漠に落ちた砂粒を探すようなものだ。また、故郷の惑星を出発して何億年も旅してきた粒子は、地球にたどり着いたとしてもさまざまなダメージや変成を受けているだろう。そのような粒子に、本当に生命の痕跡を確認できるかどうかも、まだまだ検討が必要である。

それでも、太陽系外の生命の痕跡を人類が直接手にする可能性は、大変魅力的なものである。年間10万個も地球に降り注いでいると思えば、科学技術の発展と人類の宇宙進出が進めば、いつか、可能になるときが来るのではないかと思いたくなる。２０１６年、世界は重力波の発見のニュースに沸いた。約１００年前にアインシュタインが一般相対性理論にもとづいて存在を予言したもので、重力の本質である時空の歪みが、光速の波として伝わる現象だ。ただ、歪みの大きさがあまりにも小さいので、当時、それが将来に検出できるとは誰も思わなかったであろう。しかし１００年後、人類は、10億光年以上遠方にある、太陽質量の数十倍のブラックホール同士が合体して生まれた重力波を検出してしまった。その時空の歪みは、４キロメートルの長さの検出器が、わずかに陽子の１０００分の1だけ縮んだというものであった。

それに比べれば、年間10万個で地球に降り注ぐ微粒子を何とか選り分けることぐらい、むしろ簡単なことなのではないかと筆者には思えるのだ。筆者が生きているうちには無理かもしれないが、人類の英知を信じたいものである。科学でも、その他のどの分野でも、革命やイノベーションを引き起こす原動力は常に、悲観主義ではなく楽観主義である。

終章

生命の神秘さはどこからくるのか

◆なぜ、こんなものが宇宙にあるのか⁉

宇宙論や超新星爆発などを主な研究対象としていた筆者が、なぜ、近年は生命の起源に入れ込んでいるのか。それは、生命というものがとにかく不思議で、特別で、神秘的なものに見えるからである。物理学という強力な学問によって、ビッグバンで始まった宇宙で銀河や恒星が生まれ、さらには惑星が生まれるところまで、そのおおまかなところは物理法則にもとづいて理解できてきたと思っている。それだけにこの生命という、何やらわけのわからないものが宇宙に存在し、筆者自身がその一つであるにもかかわらず、その起源や存在原理をまったく説明できないことがもどかしいのである。

前章で、仮に生命が観測可能な宇宙の中で我々だけだとしても、別に我々が特別な存在であるわけではないという話をした。しかし生命というものを、宇宙に存在するさまざまな物質、物体、事象と比べたとき、やはり生命とはとてつもなく特別で神秘的なものであると感じざるを得ない。地球における現象にしろ、天文学者が眺める宇宙の諸現象にしろ、我々が知る生命以外の自然現象はすべて、無味乾燥ともいえる冷徹な基礎物理法則で説明できるか、もしくは、いずれは説明できそうなものばかりである。生命だけが、どうして誕生したかわからない高度な遺伝情報を持ち、それを正確無比に再生産して子孫を生み出しつつ、長い時間をかけて多様に進化する。なぜそんなものが存在するのか。もし生命というものが宇宙に存在しなかったとしても、このビッグバン宇宙の中に粛々と銀河はできて、恒星と惑星が生まれるはずである。

本書を締めくくるにあたり、この生命の「神秘さ」は、結局のところ、いったいどこからくるのか、ということについて考えたいと思う。

◆結局、物理法則に則って原始生命は生まれる

本書で展開した考察をここで振り返ってみよう。生命の必須条件である、「高度な遺伝情報を持って自己複製する化学システム」は、長さが一声40塩基以上のＲＮＡを、うまい遺伝子配列で作れば実現できそうだ。もちろん、そこから膜やタンパク質合成システムを獲得して、最初の生命細胞となるまでにはまだ多くのステップが必要であろう。だが自己複製さえ可能になれば、自己の子孫を大量に作り出し、より環境に適したものに進化していくであろうから、その後は連続的な進化でたどり着けそうだ。

その最初の、自己複製するＲＮＡの合成が難しい。単純な化学反応だけではとてもできそうに

ない。それゆえに生命の起源は科学で説明できる範囲を超えているという主張すらある。科学者の端くれとしてそこまで過激にはなれないが、それでも、そこに何か生命の神秘さの源があるのではないか。これまでの科学の中ではまだ知られていない、何かまったく新しいことが見つかる可能性があるのではないか。私が生命の起源に魅力を感じたのは、そこであった。

だが実際に研究を始めてみてたどり着いたのは、2020年に論文として発表したとおり、インフレーションの結果として誕生した宇宙はあまりにも広大であり、単純な化学反応だけでも原始生命の発生は期待できるというものであった。もちろん、未知のプロセスがあって、もっと効率よく生命が生まれている可能性は否定しない。しかし少なくとも一つ、科学の枠組みの中で、既存の物理法則だけを用いて、生命の起源を説明する道筋が得られたことは、科学者の一人としてうれしいことであった。

しかしそれで、生命というものにもう不思議さや神秘さを感じなくなったかといえば、もちろんそうではない。宇宙があまりに広大なので、一見、あり得そうもないことが、統計的には起こってもよいというだけの話である。それではあまりに無味乾燥で面白くもなんともないし、生命の神秘さを解明して理解した、などという気持ちにはまったくならない。

それでは、生命の神秘さは次にどこに求めたらよいのだろうか?

◆生命を可能にする物理法則とは？

それは結局のところ、１００塩基程度の長さで、適切な遺伝情報を持ったＲＮＡが自己複製能力を獲得するほどの活性を持ちうる、というところにありそうである。それだけの長さのＲＮＡが、特定の塩基配列で、非生物的にできるところが不思議なのではない。それはインフレーション宇宙のどこかで起こりうる。むしろ、たかだか１００個程度の分子をうまくつなげるだけで、それらが適切な三次元構造をとって、エネルギーを消費し、自らを正確に複製することが可能となるというのが、もの凄いことなのではないか。

生物学の実験で示されている以上、この宇宙を支配する物理法則に則り、長さ１００塩基程度のＲＮＡという高分子が目覚ましい活性を持ち、自己複製能力すら持ち得そうであることは間違いない。しかし、そもそもどうしてそんなことが可能なのか、ということについては、私の知るかぎり、何もわかっていない。実験は、もともと活性を持つ地球生命由来のリボザイムから出発したものである。非生物的にヌクレオチドを一つ一つつなげるところから出発したわけではなく、「こういうふうにつなげれば自己複製能力を持つはず」とメカニズムを理解したうえで生み出したものでもない。そこを理解しないかぎり、人間にとって生命の神秘さというものは解消しないであろう。

そして、そのようなことを可能にする物理法則を作るということは、どれほど難しいことなのだろうか。あなたが神様になって、物理法則を自由に作れるとしよう。重たくて正の電荷を持つ粒子（陽子）と、軽くて負の電荷を持つ粒子（電子）を用意する。正の電荷の粒子は原子核力で結合してさまざまな原子核となり、電子と電気的に結合する。さらに電子を媒体としてさまざまな原子核が化学結合する。そういう物理法則なら、まあ、適当に作れそうではある。

しかし、数十個ものさまざまな原子核が結合したヌクレオチドという分子が4種類あり、それがうまい順序で１００個程度に連なった鎖になるだけで自己複製が可能となる、そんな物理法則を作れといわれたらどうだろうか。どうやればいいのか、少なくとも私には想像すらつかない。この地球上のどの人間にも、どんな高性能のコンピュータでも、まったく手の出しようがないのではないか（最近話題のＣｈａｔＧＰＴにも聞いてみたが、むろん、要領を得た回答は返ってこなかった）。

人間原理ということについては、本書でもすでにふれた。物理法則や基礎物理定数が、生命や人間の存在に適したものになるように、絶妙に調整されているのではないかという議論は古くからなされている。例えば、電気の力と重力の相対的な差をわずかに数％変えるだけで、太陽のような恒星は存在できなくなり、すべての恒星は青く高温の巨星か、赤く低温の矮星になるといわれている。もちろん、電子の電荷や質量を変えれば、さまざまな原子分子の間で起こる化学反応

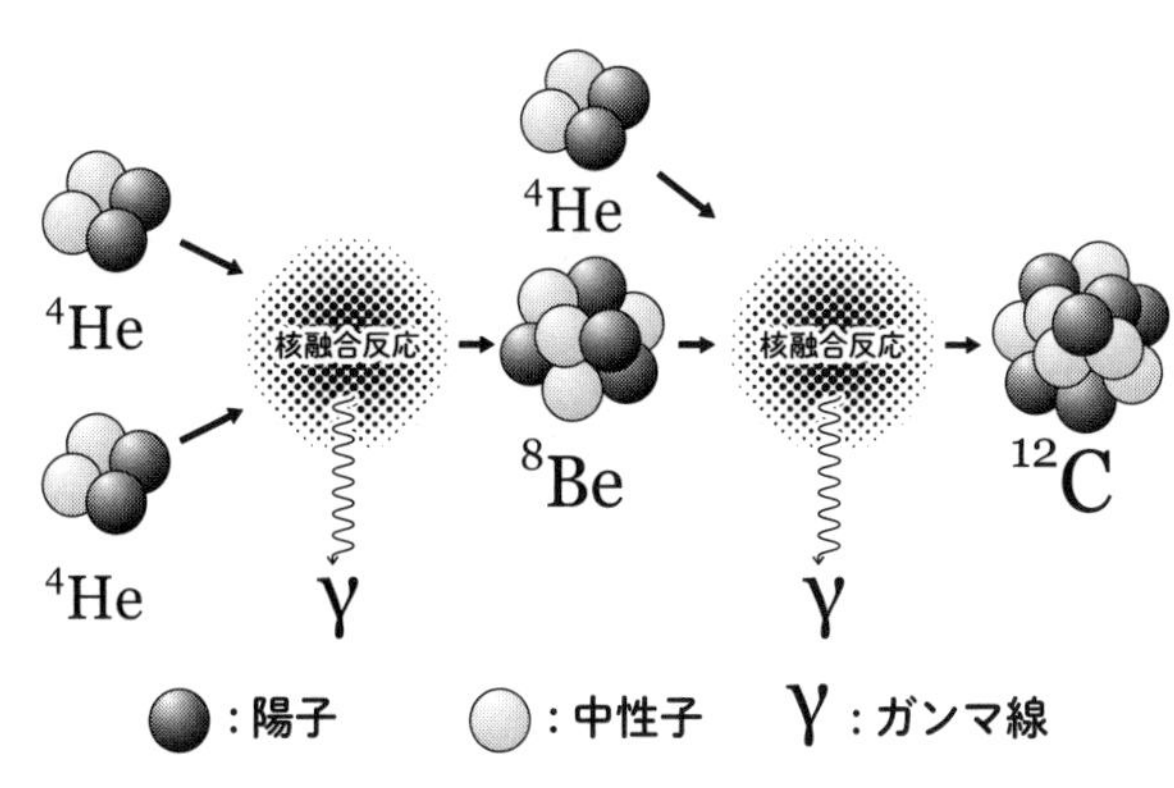

図9-1　トリプルアルファ反応

は一変し、我々が知る世界とは似ても似つかぬものとなるであろう。

原子核の中で働く物理法則もまた、精巧に微調整されている兆候がある。地球生命に必須な元素といえばまず炭素であろう。この炭素は、恒星の中で3つのヘリウム原子核が衝突して作られる（トリプルアルファ反応）。実は、普通であればこの反応のスピードは大変遅く、この宇宙で炭素はほとんど作られないはずなのだ。しかしヘリウム、中間生成物のベリリウム、そして炭素の量子力学的な状態を比較すると、たまたま、エネルギーの差がほとんどない組み合わせがある。それが共鳴して反応速度が激増しているおかげで十分な量の炭素が作られ、我々は生まれることができた。

ちなみに、恒星の中のトリプルアルファ反応が最初に考えられた当時の原子核物理学において、炭素原子核がヘリウムやベリリウムとエネルギー的にきわめて近い状態を取り得ることは、まだ知られていなかった。だが、「宇宙には炭素が豊富に存在しているのだから、炭素原子核はそういう状態を取ることができるはずだ」と看破したのは、本書にも登場したフレッド・ホイルであった。そしてその予言のとおり、実際にそのような炭素原子核の新しい量子力学的状態が発見されたのである。

陽子と中性子の質量も興味深い。陽子と中性子の質量はほとんど同じで、その差はわずかに0・1%しかない。中性子のほうがわずかに重いため、中性子は放っておくとエネルギーを放出して陽子に変化する。もしこの大小が逆ならば、陽子が中性子に変わってしまうため、水素原子は存在し得ない。一方で、中性子の質量がもっと大きかったら、中性子はより不安定で陽子に変化する傾向が強まる。中性子は、炭素や酸素、鉄といった原子核を安定に存在させる働きがあるので、もし中性子がそんなに重かったら、炭素や酸素もまた、これほど豊富に宇宙に存在することはできなかったに違いない。

こうした例は数多く考えられるのだが、筆者にはその中でも、「長さ100のRNAが自己複製できる」ということこそ、物理法則の究極の微調整であるように思える。いや、微調整という言葉は適切ではなかろう。粒子の質量や物理定数の値をちょうどいいところに調整すればいいというレベルの話ではない。あなたが神様で、どんなにうまく物理法則を作れると仮定しても、その物理法則に従うだけで意思のない無味乾燥な粒子の集合に、生命のような精巧で驚異的な能力を持たせうると、誰が保証できるだろうか。

そして生命の神秘は、最初の自己複製するＲＮＡにかぎらない。単純な単細胞生物に終わらず、ここまで多様に進化して、知的生命体まで登場した点はどう考えるべきだろうか。ひとたび自己複製する生命が現れてしまえば、世代ごとに少しずつ変化し、環境に適用したものが生き残る自然選択によって、多様な生物に進化するという進化論の理屈はわかる。実際、40億年の生命の進化史にはところどころでいくつかの大きな飛躍があった一方で、概ね、連続的なプロセスであったともいえる。進化に神の意志などはなく、冷徹な物理法則で原子分子が化学反応を続けた結果、ここまでの生物進化が成し遂げられたというのはいい。

しかし、知的生命体のような高度な生物が、無味乾燥な物理法則だけで動く粒子の集合体として存在しうるかどうかは、別問題である。我々の脳内では、意思のない膨大な数の原子分子が物理法則に従って振る舞っているにすぎないはずだが、その集合体によって人間の思考という驚異的な現象が起きている。現実に我々が存在している以上、それはたしかにこの宇宙の物理法則において可能なのであろう。そして最初の単細胞生物から、微小で連続的な変化の積み重ねで知的生命体にまでつながるパスがあったために、進化が可能であったことになる。

だが異なる物理法則に支配された宇宙では、知的生命体という現象自体が起こり得ないかもしれない。もし、何の意図もなく適当に物理法則を作ったとすれば、その世界で知的生命体のようなものが存在可能であるという必然性はない。そんな宇宙では、いくら時間をかけたところで、知的生命体が進化によって生まれることはないはずである。知的生命体が可能であるような物理法則を見つけ出す、あるいは生み出すということは、実は恐ろしく難しいことなのではないかと、筆者には思えてならない。

◆物理法則すらも人間原理で決まるのか？

生命、そして知的生命や文明まで可能にさせる物理法則が奇跡のようなものだとして、それをどう解釈したらよいだろうか。実は、それすら物理学の枠組みのなかで説明してしまうかもしれない、そんな可能性がある。

現在の宇宙は、物理学における4つの力（粒子の相互作用）、すなわち重力、電磁気力、強い力、弱い力の基礎法則で、すべての現象を記述できている。だが、これが究極の物理法則だとは思われていない。実際、電磁気力と弱い力は、素粒子のエネルギーがテラ電子ボルト、あるいは温度が10^{16}（＝1京）度を超えるような世界では統一されることがわかっている。もっと高エネルギーあるいは高温の世界では強い力、さらには重力まで統一されると期待されているが、実験で調べることができる最高のエネルギースケールよりさらに100億倍以上という超々高エネルギーの世界であるため、何の実験的手がかりもなく、具体的な統一理論も確立していない。

それでも、そのような「すべてを説明する理論」があり、我々がいま観測している物理法則はそれから派生したものにすぎないとすれば、その派生の仕方もさまざまなパターンがあるかもしれない。統一理論の候補の一つである超弦理論からは、そのようなパターンは10^{500}通りもあるという見積もりもある。そして宇宙の始まりであるビッグバンも、1つである理由はない。我々の宇宙を生み出したビッグバンが少なくとも1つある以上、ほかにも数多くのビッグバンで多くの宇宙が生まれていてもおかしくはない。ビッグバンがどうして起きたのか、それを記述する物理法則をまだ我々は持ち得ていないが、既存の物理法則から類推することで、そのような多宇宙（マルチバース）の可能性が議論されている。

つまり、10^{500}個の宇宙が生まれ、それぞれに物理法則がまったく異なるという可能性はさほどおかしなものではないといえる。そうなると、生命を生み出すような物理法則はきわめて稀なものであるとしても、10^{500}回も宇宙が誕生しているうちに、そのような宇宙が実際に生まれて、我々はそうした宇宙に住んでいるのかもしれない。1つのインフレーションで生まれた宇宙には、恒星が10^{100}個ほど存在するはずと述べてきたが、そんな広大な宇宙ですら、10^{500}個の宇宙の1つにすぎないかもしれないのである。生命が誕生するためには、いくつかの基礎物理定数の値がきわめて精巧に微調整されていなければならないとしても、10^{500}個も宇宙があれば、そんな微調整も容易なことであろう。

しかし生命、さらには知的生命体という摩訶不思議な現象まで、そんな理屈で説明できるものだろうか。たんに物理定数という「パラメータ」の値を調整すればいいというものでもなさそうに思える。10^{500}通りの物理法則を作れば、深く考えず適当に作った法則であっても、そのどれかにおいて知的生命体が可能となる、と果たしていえるのだろうか。この問いは、今の科学のレベルでは到底、回答のしようがないほどに難しいものである。

人間原理的な考え方には、根強い批判や反発もある。それをいったら何でも説明できてしまう、科学の説明ではない、などといったものである。それもたしかに一理ある。しかし、宇宙論におけるダークエネルギーの問題のように、あまりに説明が難しく、今のところ人間原理以外にもっともらしい説明がない、という科学上の未解決問題も存在する。人間原理の弱点は、それが予言能力を持たず、実験的な検証も難しいというところであろう。ある問題を理解するための解釈を与えるにすぎない。この点、生物学でいえば進化論に通ずるものがある。進化論が、地球生命の歴史を説明する上で最も成功した理論であることは間違いない。しかし予言能力には乏しい。1億年後、人類の子孫がどのような生物に進化するかを予想することなど、到底不可能である。進化論では、「この生物のこの特質はこういう理由で進化した」といったさまざまな解釈が提示されるが、「それは本当にそうなのか?」という疑問に対して有無を言わせぬ証明をすることは容易ではない。

さまざまな見方があろうが、筆者には、知的生命体を可能にするような物理法則が現実に存在する背景には、人間原理よりもっと深遠なものが隠されているのではないかと思われてならない。むろん、根拠はない。強いて言えば、生命、知的生命体、そして文化や文明が宇宙に出現することを可能にさせている、この奇跡のような物理法則が、たんにやたらにサイコロを振ったおかげでたまたまできた、などというふうには考えたくないのである。ここまで来ると、これは科学というよりは信念や世界観の問題かもしれない。量子力学草創の時代、「神はサイコロを振らない」と言って、アインシュタインが量子力学の確率論的な考え方を厳しく批判したことはあまりに有名である。基礎物理法則そのものすら確率論的に決まり、生命の誕生もその中からたまたま可能になったというような考え方を、アインシュタインが聞いたらどんな反応をするだろうか。今やそれを知る術はないが、おそらく否定的な反応を示すか、あるいは鼻で笑うのではなかろうか。

◆自然科学の方向性

すべての生命の共通の出発点である生命の起源について考えていけば、生命の神秘さの源泉に迫れるのではないか。筆者はそう考えて生命の起源について考え始めたが、その結果は、インフレーション宇宙という広大な世界ならば、ランダムな化学反応でも自己複製可能なRNAが誕生しうるという、なんとも拍子抜けしそうなほど簡単な話であった。その一方で、その背後にまだ隠れている生命の神秘さに迫るためには物理法則の源泉を明らかにしなければならないという、現時点では夢のまた夢のような話になってしまった。

しかし自然科学の発展の歴史を振り返ると、これもまた必然的な流れであるように思える。かつて、人間に説明できないことや、知りたいけど答えのわからない根源的な問いの多くが、神や宗教、超自然的な存在に結びつけて語られていた。科学の発展は、そうしたミステリアスで説明できないことを一つ一つ、神に頼らない論理的・客観的な説明で解明してきた歴史である。ヒトは神様が作ったものではなく、サルから連続的に進化してきた。疫病は祟りや神の怒りではなく、病原菌が引き起こす。天体の運行に神の意志や啓示などはなく、万有引力の法則に従って淡々と動いているだけである。かつて客星（かくせい）と呼ばれ、平安の陰陽師たちの占いに使われた超新星も、今ではたんに恒星が一生を終えるときの大爆発で、広い宇宙ではありふれた現象にすぎない。

生命の起源もまた然りで、結局のところ、我々が知る物理法則に則って、ミクロな原子分子が意思もなく整然と運動している無味乾燥な世界で、なぜか生命は誕生し、知的生命体にまで進化するのである。なぜ宇宙に生命が存在するのか、しうるのか、という究極の問いに対する答えは我々が観測する物質宇宙の外に、物理法則の源泉の背後に隠れてしまった。

それに科学的に迫る手段が原理的にないわけではない。例えば、今の宇宙を支配する物理法則とは異なる、さまざまな別の法則で動く宇宙を考えて、それらにおいて生命が生まれるかを検討し、我々の物理法則が生命を生み出す上でどれほど微調整されているかを調べることである。ただし原理的には可能とはいえ、実際にそれを行うのは今の科学のレベルではきわめて難しい。私が生きているうちは無理であろうということは、自信を持っていえる。

ここで前節に続き、アインシュタインの言葉をもう一つ引用しよう。

「私が本当に知りたいのは、神がこの世界を創造するうえで、何らかの選択をしたかどうかである。」

宇宙になぜ生命が存在するのか、その謎を探る旅も結局、このアインシュタインの述懐に帰着してしまうようである。

筆者は小学生時代の大半を、フィリピンのマニラで過ごした帰国子女である。当時は道路が遊び場で、焼けつくまっすぐな道路の彼方に、よく「逃げ水」を見た記憶がある。灼熱の路面に熱せられた空気によって光が屈折し、あたかも道路が水に濡れているように見えるあの現象である。「あの現象」といっても、最近の日本ではとんと見たことがない。都市化された東京に住んでいるからか、あるいはそんなものに気づく余裕を失っているのか。

いずれにせよ、生命の起源とか、生命の不思議さの根源とか、そういった我々が本当に知りたいことは、どれだけ科学が進歩しても逃げ水のように我々から逃げていってしまうのではないか。もちろん、自分で道を歩き、それが真の水ではないことを確認すれば、それは一つの進歩であろう。だが本当に知りたいことは、無味乾燥な物理法則の壁に阻まれて近づくことができない。神だか何だか知らないが、この世界はそのように作られているのではないか。そんな一抹の不安を、打ち消すことができないでいる。

あとがき

徳川家康の母・於大の方の墓があることで有名な小石川の傳通院から少し坂を降りたところに、私の好きなムクノキの巨木がある。推定樹齢４００年という。第二次大戦中の空襲により樹木上部が焼けてしまった上に、下部の幹にも炭化した部分があるにもかかわらず、幹の片側は良好な状態を保っていて、隆々とした樹冠を今日も見せている。この木を見るたびに、生命というものの不思議さ、生命力の驚異といったことを感じさせられる。

無味乾燥な物理法則に従って素粒子が運動しているだけの宇宙に、どうしてこのような不思議なものが存在しているのか。物理学をもちいて宇宙を吟味している天文学者の立場からこの謎の本質を解説し、現在、人類がこの問いにどこまで迫っているのかをお伝えするのが本書の目標であった。かなり無謀な挑戦であると始めからわかってはいたが、一応、形にすることができた。世界的にも類書がほとんどない、ユニークな一冊になったと自負している。ただ、その試みがどれほど成功しているかは、読者の皆さんのご判断に委ねるほかはない。

最近、ふと思い立って中国古典の『老子』を紐解いている。その冒頭、第一章の結語は「玄のまた玄、衆妙の門」である。「妙」は世の中にあるさまざまな神秘的なもの、「玄」は道教の哲理の基本である「道」の概念を「ほの暗く奥深いもの」として形容したものだそうである。この世の微妙で神秘的な万物はすべて、ほの暗く奥深いものから、そのまたさらに奥深いものから生まれてくる、という意味のようである。

この世界は、生命という神秘的なもので満ち溢れている。生命は身近な存在でありながら、どうしてこんなものが宇宙にあるのか、どこからやってきたのか、それはさっぱりわからない。とにかく、物理法則に則って粒子が淡々と運動し反応している世界で、生命は生まれ、進化して、活動している。その生命の神秘さの源泉は、物理法則の向こうに、奥深くほの暗いものとして、我々の手が届くのを頑なに拒んでいる。本書を書き終えた筆者にとって、この老子の一節は実に腑に落ちるものがあったのである。

本書の執筆においては、編集者の柴崎淑郎氏にさまざまな形で助けていただき、多くの建設的なコメントが執筆の原動力となった。厚く御礼申し上げる。最後に、小学四年の長女・春日へのの謝辞も書き留めておきたい。原稿の段階で最初の読者となってくれ、面白がってくれた。どこまで理解しているかはわからないが、とにかく、勇気づけられたことであった。

令和五年五月　新緑深まる東大本郷キャンパスにて　戸谷　友則

ま行

や行

ら行

わ行

た行

な行

は行

さ行

数字・アルファベット・記号

あ行

か行

N.D.C.440　270p　18cm

ブルーバックス　B-2236

宇宙(うちゅう)になぜ、生命(いのち)があるのか
宇宙論で読み解く「生命」の起源と存在

2023年７月20日　第１刷発行
2024年10月４日　第４刷発行

著者　戸谷友則(とたにとものり)
発行者　篠木和久
発行所　株式会社講談社
〒112-8001 東京都文京区音羽2-12-21
電話　出版　03-5395-3524
販売　03-5395-4415
業務　03-5395-3615
印刷所　（本文印刷）株式会社ＫＰＳプロダクツ
（カバー表紙印刷）信毎書籍印刷株式会社
本文データ制作　ブルーバックス
製本所　株式会社国宝社

定価はカバーに表示してあります。

ISBN978-4-06-532582-7

発刊のことば

科学をあなたのポケットに

二十世紀最大の特色は、それが科学時代であるということです。科学は日に日に進歩を続け、止まるところを知りません。ひと昔前の夢物語もどんどん現実化しており、今やわれわれの生活のすべてが、科学によってゆり動かされているといっても過言ではないでしょう。

そのような背景を考えれば、学者や学生はもちろん、産業人も、セールスマンも、ジャーナリストも、家庭の主婦も、みんなが科学を知らなければ、時代の流れに逆らうことになるでしょう。

ブルーバックス発刊の意義と必然性はそこにあります。このシリーズは、読む人に科学的に物を考える習慣と、科学的に物を見る目を養っていただくことを最大の目標にしています。そのためには、単に原理や法則の解説に終始するのではなくて、政治や経済など、社会科学や人文科学にも関連させて、広い視野から問題を追究していきます。科学はむずかしいという先入観を改める表現と構成、それも類書にないブルーバックスの特色であると信じます。

一九六三年九月

野間省一